# 陕西省非常规水资源利用现状评估及推行对策研究

周　恒　程　龙　张高锋　寇嘉玮　薛亚莉　著

黄河水利出版社
·郑　州·

# 内 容 提 要

本书是在对陕西省 11 个地市(区)再生水、雨水、微咸水及矿井疏干水等主要类型的非常规水资源利用现状进行深入调研的基础上,采用"鱼骨分析法"+"5M 因素法"深入剖析了陕西省非常规水资源利用中存在的主要问题,系统分析了各类非常规水资源利用的可行性及潜力,并从工程和非工程方面对促进全省各类非常规水资源利用的对策进行了深入研究,最后以延安市再生水利用为例进行了示范研究。

本书资料翔实,内容丰富,针对性强,是一本集系统性、实用性和可读性于一体的专业书籍。本书可供涉水领域科研人员、规划设计人员以及相关行政管理部门和企事业单位人员参考,也可作为相关专业大专院校的教学参考用书。

## 图书在版编目(CIP)数据

陕西省非常规水资源利用现状评估及推行对策研究/周恒等著. —郑州:黄河水利出版社,2023.9
ISBN 978-7-5509-3415-3

Ⅰ.①陕… Ⅱ.①周… Ⅲ.①水资源利用-研究-陕西 Ⅳ.①TV213.9

中国版本图书馆 CIP 数据核字(2022)第 207821 号

出 版 社:黄河水利出版社      网址:www.yrcp.com
       地址:河南省郑州市顺河路黄委会综合楼 14 层    邮政编码:450003
发行单位:黄河水利出版社
       发行部电话:0371-66026940、66020550、66028024、66022620(传真)
       E-mail:hhslcbs@ 126. com
承印单位:广东虎彩云印刷有限公司
开本:787 mm×1 092 mm   1/16
印张:8.5
字数:202 千字
版次:2023 年 9 月第 1 版       印次:2023 年 9 月第 1 次印刷

定价:59.00 元

# 《陕西省非常规水资源利用现状评估及推行对策研究》

# 编写委员会

**主　编**　周　恒　程　龙

**副主编**　张高锋　寇嘉玮　薛亚莉　卢锟明

**编　委**　刘永刚　杨建宏　张子沛　牛明慧　高梦雅

　　　　　龙正未　苟耀峰　魏　瑄　雷景春　郭兴涛

　　　　　李　莹　马　艳　宋丹梅　强安丰　张陆洋

　　　　　杜宇翔　赵文发

# 前　言

　　我国水资源总量仅次于巴西、俄罗斯、加拿大、美国和印度尼西亚,名列世界第六位,但人均水资源占有量仅为世界平均水平的1/4,是全球人均水资源最贫乏的国家之一,加之水资源时空分布不均,与国土资源、经济布局不相匹配,以及随着经济社会的高速发展和城镇化建设的快速推进,水资源供需矛盾更为突出。陕西省地处西北内陆腹地,水资源总量严重不足,人均和耕地亩均水资源量仅为全国平均水平的一半,远低于国际公认的人均 500 m³ 的绝对缺水线。加之近年来随着全省工业化、城镇化步伐的加快,以及全球气候变化的影响,水资源短缺逐渐成为制约经济社会可持续发展的重大瓶颈。同时全省每年不仅有数十亿立方米的污废水经达标处理后排入河流,既未发挥"第二水源"的作用,还给水环境造成了一定的压力,雨洪水、苦咸水、矿井疏干水等其他类型的非常规水资源利用量更是微乎其微。陕西省非常规水资源利用存在社会接受度有待提高,基层人才队伍建设有待加强;利用模式有待进一步创新,利用技术有待进一步提升,处理工艺成本有待降低,配套工程建设有待完善;陕南地区对非常规水资源利用需求小,陕北及关中地区水资源承载力不足;融资渠道还需更加多元化,市场及价格调节作用有待加强;管理体制仍需进一步理顺,部门协作及顶层设计指导性有待加强,管理机制仍需完善,标准规范建设还需加快,财政扶持力度有待进一步加大等问题。这些问题范围广、社会关注度高、改善难度大。

　　在分析国内外非常规水资源利用研究进展的基础上,根据新形势与新政策对水资源管理的要求,对陕西省非常规水资源利用现状进行评估,识别存在的主要问题,该研究对促进陕西省非常规水资源利用对策具有重大现实意义。

　　笔者在陕西省非常规水资源利用现状及存在问题调研、剖析的基础上,对陕西省非常规水资源利用对策进行了有益探索和研究,希望能够对健全陕西省及全国非常规水资源利用政策体系提供有益的支持。

　　本书共分为7章,第1章主要对研究背景及意义、非常规水资源定义、国内外研究进展、主要研究内容、研究技术路线及研究目标等进行论述;第2章主要对水资源概况、水利工程现状、非常规水资源利用现状等进行分析;第3章结合陕西省11个地市(区)非常规水资源利用现状调查,利用"鱼骨分析法"+"5M因素法"对非常规水资源开发利用现状存在的问题进行识别;第4章主要对再生水、雨洪水、苦咸水、矿井疏干水4种类型的非常规水资源利用潜力进行研究;第5章从促进非常规水资源利用的工程对策和非工程对策两方面进行系统研究;第6章结合研究成果,以延安市再生水利用为典型,进行实例研究;第7章对研究成果进行总结,并提出相关建议。

　　本书由中国电建集团西北勘测设计研究院有限公司周恒、程龙担任主编,陕西省水资源与河库调度中心刘永刚、龙正未、杨建宏、薛亚莉,西安市二次供水管理中心马艳,西安市水资源保护中心宋丹梅等参与编写。各章主要编写人员及分工如下:第1章由寇嘉玮、程龙、张高锋编写;第2章由薛亚莉、杨建宏、卢锟明、寇嘉玮编写;第3章由刘永刚、龙正未、薛亚莉、程龙、卢锟明、张高锋、高梦雅、牛明慧、雷景春、李莹、宋丹梅编写;第4章由张高锋、程龙、周恒、苟耀峰编写;第5章由周恒、程龙、张高锋、张子沛编写;第6章由程龙、寇嘉玮、卢锟明、马艳编写;第7章由卢锟明、周恒编写。全书由程龙统稿。赵文发、魏瑄、郭兴涛、强安丰、张陆洋、杜宇翔等参与了现场调研、资料整理及部分书稿的校对工作。

在非常规水资源利用对策研究方面,需要根据水资源管理的新形势、新政策、新理念,深入剖析影响非常规水资源利用的主要问题,制定更具针对性、经济性及技术可行性,操作性更强的对策措施。加大非常规水资源利用是一项基础性、系统性、协调性非常强的工作,不仅涉及国家、省、市、县等各级政府,还涉及水利、发改、住建、国土、环保、农业农村、工信等多个政府职能部门和相关企事业单位,一些关键应对措施目前仍处于探索研究阶段,加之作者水平有限,书中难免存在疏漏、错误和不妥之处,恳请读者不吝指正。

本书的编写和出版得到了陕西省水利科技计划项目(项目编号:2021slkj-5)、中国电建集团西北勘测设计研究院有限公司重大科技项目(项目编号:XBY-ZDKJ-2020-01)等课题的支持,陕西省水利厅、陕西省水资源与河库调度中心等单位也给予了大力支持,在此一并致谢!

作　者

2023 年 8 月

# 目 录

1 综 述 …………………………………………………………… (1)
　1.1 研究背景及意义 ……………………………………………… (1)
　1.2 非常规水资源定义 …………………………………………… (3)
　1.3 国内外研究进展 ……………………………………………… (5)
　1.4 主要研究内容 ………………………………………………… (11)
　1.5 研究技术路线 ………………………………………………… (12)
　1.6 研究目标 ……………………………………………………… (12)
　1.7 创新点 ………………………………………………………… (13)
2 水资源开发利用现状 …………………………………………… (14)
　2.1 水资源概况 …………………………………………………… (14)
　2.2 水利工程现状 ………………………………………………… (31)
　2.3 非常规水资源利用现状 ……………………………………… (41)
3 非常规水资源利用典型调查及问题识别 ……………………… (46)
　3.1 典型调查 ……………………………………………………… (46)
　3.2 问题识别 ……………………………………………………… (69)
4 非常规水资源利用潜力分析 …………………………………… (74)
　4.1 可行性分析 …………………………………………………… (74)
　4.2 潜力分析 ……………………………………………………… (85)
　4.3 小 结 ………………………………………………………… (91)
5 非常规水资源利用对策研究 …………………………………… (92)
　5.1 总体思路研究 ………………………………………………… (92)
　5.2 工程对策研究 ………………………………………………… (92)
　5.3 非工程对策研究 ……………………………………………… (99)
6 典型地区再生水利用现状评估及推行对策研究 ……………… (108)
　6.1 延安市基本概况 ……………………………………………… (108)
　6.2 延安市再生水利用存在问题 ………………………………… (114)
　6.3 延安市再生水利用对策建议 ………………………………… (116)
7 结论与建议 ……………………………………………………… (120)
　7.1 结 论 ………………………………………………………… (120)
　7.2 建 议 ………………………………………………………… (121)
参考文献 …………………………………………………………… (123)

# 1 综 述

## 1.1 研究背景及意义

### 1.1.1 研究背景

我国水资源总量为 28 000 亿 $m^3$,占全球水资源量的 6%,仅次于巴西、俄罗斯、加拿大、美国和印度尼西亚,名列世界第六位,但人均水资源占有量只有 2 300 $m^3$,仅为世界平均水平的 1/4,是全球人均水资源最贫乏的国家之一,加之水资源时空分布不均,与国土资源、经济布局不相匹配,以及随着经济社会的高速发展和城镇化建设的快速推进,水资源供需矛盾更为突出。非常规水资源的开发利用成为解决水资源危机、缓解水资源短缺态势、增加水资源供给的重要途径。

习近平总书记在关于黄河流域生态保护和高质量发展的讲话中提出,坚持生态优先、绿色发展,坚持定水量水,因地制宜、分类施策,加强生态保护和治理,促进水资源节约集约利用,确保黄河长治久安,促进全流域高质量发展,改善人民生活。党的十九大报告中也提出了必须树立和践行绿水青山就是金山银山的理念,提出了实施国家节水行动。

近年来,党中央、国务院、水利部党组高度重视非常规水源的开发利用。2011 年中央一号文件和 2012 年国务院三号文件明确提出,鼓励和积极发展中水、雨水、咸水、海水淡化和直接利用等非常规水源的开发利用。特别是 2014 年 3 月,习近平总书记在中央财经领导小组第五次会议上听取水利部水安全工作汇报时提出了"节水优先、空间平衡、系统治理、两手发力"的方针,对非常规水源的开发利用提出了新的更高要求,指明了发展方向。水利部多次强调,要把非常规水源的开发利用纳入水资源统一配置,抓住深化资源性产品价格改革的机遇,完善水价形成机制,利用经济手段,促进水资源的节约、保护和开发利用。

此后,水利部进一步加强了非常规水资源利用工作,2015 年 11 月,在北京举办了以"非常规水资源利用与海绵城市建设"为主题的第二届非常规水资源管理与技术研讨会,就贯彻落实"节流补源"的决策部署,加快推进非常规水开发利用进行了深入研讨。在技术标准方面,努力制定非常规水源利用标准和法规,鼓励科研机构开展相关问题研究。2017 年 8 月,《水利部关于非常规水源纳入水资源统一配置的指导意见》(水利部〔2017〕274 号)明确提出,非常规水源纳入水资源统一配置,特别是在缺水地区,扩大配置领域,强化配置手段,提高配置比例,完善激励政策,发挥市场作用,加快非常规水资源开发利用。2019 年,国家发展和改革委员会(简称发改委)和水利部联合发布《国家节水行动方案》,明确在缺水地区加强非常规水利用。2021 年印发的《"十四五"城镇污水处理及资源化利用发展规划》(发改环资〔2021〕827号),进一步明确全国地级及以上缺水城市再生水利用率应达到25%以上,京津冀地区再生水利用率达到35%以上,黄河流域中下游地级及以上缺水城市再生水利用率力争达到30%。

陕西地处西北内陆腹地,水资源总量严重不足,人均和耕地亩均水资源占有量仅为全国平均水平的一半,渭河流域人均水资源占有量更是只有317 m³,远低于国际公认的人均500 m³的绝对缺水线。加之近年来随着全省工业化、城镇化步伐的加快,以及全球气候变化的影响,水资源短缺、水污染、水生态恶化等问题日益突出,已成为制约经济社会可持续发展的重大瓶颈。同时全省每年有近11亿 m³的废水排入河流,既未发挥"第二水源"的作用,还给水环境造成了很大的压力。为加大非常规水资源利用,缓解经济社会发展用水矛盾,陕西省先后颁布实施了《陕西省城市节约用水管理办法》《陕西省节约用水办法》等,初步构建了非常规水资源利用法规、制度体系,同时在雨水利用、中水回用等方面进行了积极探索。

2013年10月陕西省施行的《最严格水资源管理制度考核办法》规定,省政府对各设区市落实最严格水资源管理制度进行考核,各设区市政府对辖区内县区进行考核。按照国家实行最严格水资源管理制度的要求,将非常规水纳入区域水资源统一配置,能有效缓解区域水资源供需矛盾。

2019年10月,陕西省发展改革委、省水利厅联合印发《陕西省实施国家节水行动方案》,明确要求"加强中水、雨水、矿井排水、微咸水等非常规水的多元化、梯级化、安全化利用。"强制将非常规用水纳入水资源统一配置,逐年提高非常规用水比例,严格考核。

目前,陕西省非常规水资源体系存在体系不完善、处理规模小、利用途径相对狭窄等问题。非常规水资源的整体研究进展仍落后于我国沿海其他省份。

## 1.1.2 研究意义

陕西省属水资源紧缺地区,非常规水源是常规水源的重要补充,在增加供水量、减少污染排放、提高水利用率、从灾害化向资源化转变等方面具有重要作用,对于缓解区域水资源供需矛盾,提高区域水资源配置效率和利用效益等方面具有重要意义。

对陕西省非常规水资源利用方式进行研究,是落实最严格水资源管理制度考核工作的具体要求,是贯彻落实"节水优先"方针和国家节水行动的重要举措,是做好非常规水源开发利用规划的前提条件,是缓解全省水资源短缺的重要手段。充分利用非常规水资源是建设资源节约型、环境友好型社会以及实现可持续发展的重要途径,对缓解陕西省水资源供需矛盾,促进水资源节约、保护与开发利用,解决水资源短缺和水环境污染具有重要的现实和长远意义。

## 1.1.3 研究必要性

随着经济社会发展中生活、生产及生态用水需求的不断增加,缺水问题逐渐成为今后各地区发展中普遍面临的主要问题。据统计,目前全国669座城市中有400多座存在不同程度的缺水问题,其中缺水严重的城市达130多座,全国城市每年缺水量约60亿 m³。近年来,水利部不断加强非常规水资源的开发利用管理工作。

为了更加科学合理地利用水资源,协调好经济社会发展与不合理用水之间的矛盾,2012 年,国务院出台《关于实行最严格水资源管理制度的意见》,对全国各省市未来一个时期的用水量进行了控制,提出对于超用水总量的地区暂停用水审批。非常规水资源作为经济社会发展中一个重要的水源,对于缓解地区用水矛盾具有重要的意义。《国家节水行动方案》中也规定重点地区要节水开源,在超采地区要削减地下水开采量,在缺水地区要加强非常规水利用。把非常规水源纳入水资源统一配置,特别是缺水地区,进一步扩大配置到工业、生态环境、城市杂用、农业等用水领域,强化规划引导、严格论证、计划管理、工程建设等配置手段,完善激励政策,发挥市场作用,加快推进非常规水源开发利用。把非常规水源利用纳入最严格水资源管理制度考核,重点考核当年非常规水源利用量较上年增加或占当年用水总量比例的情况。

虽然目前国内外的科研机构对非常规水资源利用开展了相关研究,但缺乏针对陕西省非常规水资源利用现状的系统研究。因此,本书基于陕西省非常规水资源开发利用问题剖析,从政策、技术、机制、管理等方面重点对再生水等非常规水资源开发利用方式进行探索,提出一套符合陕西省实际的非常规水资源利用对策措施。

### 1.1.4　研究前景

随着水资源在经济社会发展中刚性约束的不断凸显,非常规水资源利用逐渐引起人们的普遍关注,近年来我国各地不断扩大非常规水利用规模,提高水质,拓展使用范围,一些地区及项目中利用非常规水资源的效益已得到初步彰显。北京已建成规模以上再生水厂 54 座,再生水管线达到 1 877 km,再生水利用量达到 10.7 亿 $m^3$。广东、福建、浙江、山东、江苏、海南和辽宁等地因地制宜,沿海岸线布局的火(核)电厂直接利用海水作为冷却用水,2017 年利用量超过千亿立方米,大幅度节约了淡水资源。各地积极探索创新,形成了富有特色的非常规水资源开发利用模式。昆明市政府与企业签订污水处理特许经营权协议,宁波岩东再生水厂运用市场机制为园区开辟水源,青岛市利用水价杠杆促进再生水推广利用,丽江市统筹实施城市污泥处理处置工程,兰州市科学开发利用微咸水等。据统计,目前全国非常规水资源利用量超过 90 亿 $m^3$,其中再生水利用量占到 80% 以上。

在国家政策导向及缺水问题双重引导下,非常规水资源的市场需求日益增加。随着我国经济社会发展进入新的阶段,非常规水资源的巨大潜力将进一步释放,"第二水源"的重要作用将进一步增强,非常规水资源开发利用将迎来新的格局。

## 1.2　非常规水资源定义

非常规水资源是区别于传统意义上的地表水、地下水的(常规)水资源,主要有雨水、再生水(经过再生处理的污水和废水)、海水、空中水、矿井水、苦咸水等。非常规水资源利用可以减少一定量的常规水资源消耗,提高区域水资源的承载力和利用率,也是缓解区域水资源短缺矛盾的必然选择。非常规水资源被称为保障区域经济社会发展的第二水源,区域非常规水资源的利用程度标志着该区域水资源开发的先进水平。非常规水资源的开发利用有明显的区域空间性特征,区域非常规水资源的开发利用需要紧密结合当地的社会经济发展现状和自然地理条件来选择合适的开发利用方式。根据不同类型的非常规水资源基本特征,综合考虑不同水资源的开发利用潜力和处理技术,可以将非常规水资源分为再生水、雨水、矿井水、苦咸水、海水等,对于位于西北内陆地区的陕西省,海水利用不做考虑。

## 1.2.1 再生水

再生水,即中水,主要是指城市内的工业废水和生活污水等各种废弃污水经过适当技术处理后,达到了一定水质指标,能够满足区域某种用水要求,能够再次利用的水。再生水的利用是指将规划区域内的再生水在统一的规划和有效的管理前提下,将规划区域内的再生水通过各种方法收集,全面考虑水资源量、供水水质、当地的地理资源条件、用水单位的水资源需求量、需水水质的要求等,根据区域社会经济发展状况和技术条件来确定污水的处理方法和污水处理厂的运行规则,处理后的污水可以作为相关地区的景观绿化用水、工业冷却用水、部分农业灌溉用水、水产养殖业用水等。因为再生水是通过对区域内的各种污水就地取材处理后再加以利用,所以再生水利用在水源、输水以及相应基础设施等方面的成本相对较低。因此,利用中水不仅可以为区域的社会经济发展提供相对稳定的水源,而且可以改善生态环境,促进区域水资源的保护,具有一定的社会效益、经济效益和环境效益。开发利用再生水资源是一项典型的增收节支措施,不仅可以提高水资源利用效率,同时也缓解了区域水域污染,贯彻了可持续发展战略。净化处理后的污水实现了变废为宝,具有可观的经济效益,世界各国都把利用可再生水资源作为解决水资源问题的首选。

## 1.2.2 雨水

雨水资源主要指在不增加防洪风险的前提下,利用点(闸、坝、泵站等)、线(堤防、河道、渠道、沟道等)、面(水库、陂塘、蓄滞洪区、调蓄湿地、调蓄湖等)等工程措施及合理规划、科学调度等非工程措施,按照蓄、泄、滞、引、补有机结合的原则,拦蓄和迟滞雨水,延长洪水停留时间,并用于经济社会发展、生态环境保护等方面的雨水。因此,雨水资源首先应保证防洪安全;其次主要是利用各种方法和手段尽可能延长洪水停留时间,供生活生产、生态环境使用,与水资源开发利用属同一范畴;最后雨水资源化利用不仅要考虑社会经济用水,也要考虑生态环境用水。

## 1.2.3 苦咸水

苦咸水是指含盐量高、不能直接利用或利用价值低的低质量水资源。苦咸水的味道主要来自水中所含的各种盐。根据目前的研究,苦咸水没有明确的定义。一般来说,盐度为 $1\sim10$ g/L 的水称为苦咸水,其中盐度为 $1\sim3$ g/L 的水称为微咸水,盐度为 $3\sim10$ g/L 的水称为咸水,盐度为 $10\sim50$ g/L 的水称为盐水,盐度大于 $50$ g/L 的水称为卤水。由于土壤和岩石成分、所处的地理位置以及地质条件的差异,不同地区苦咸水的化学成分也有很大差异,苦咸水的形成是经过漫长时间,再结合多种综合因素共同影响而成,如地理位置和地质条件的改变、海水的侵蚀、地壳的变动、气候条件变化等。通常低含盐量的苦咸

水以 $HCO_3^-$、$Ca^{2+}$、$Mg^{2+}$ 为主,随着含盐量升高,$SO_4^{2-}$、$H^+$、$K^+$ 和 $Na^+$ 的比例也逐渐变大。据统计,西北地区的苦咸水资源近 88.6 亿 $m^3$,在西北地区进行苦咸水资源利用研究具有十分重要的意义和潜力。

### 1.2.4　矿井水

矿井水资源是指在矿井开采过程中的地下涌水和生产排水等汇集的废水经过人工处理后可以再次使用的水资源。矿井水资源的特点是出水量较大和水质差异大。我国根据矿井水的来源和水质将矿井水分为含特殊污染物(含铁、锰等)矿水、含悬浮物矿水、高矿化度矿水、酸性矿水和洁净矿水五类。为了井下工人和矿井的安全,有必要对矿井内含有煤、岩屑等悬浮物的喷溢水进行排放。为了减少水污染,实现矿山水资源的循环利用,有必要对这部分废水进行处理。我国每年排放矿井水 30 多亿 $m^3$,其中 70% ~ 80% 为中性水,40% ~ 50% 满足饮用水要求,具有很大的开发利用潜力。然而,由于技术水平的限制和对矿井水认识的不足,大部分矿井水没有得到开发利用。

## 1.3　国内外研究进展

### 1.3.1　国外研究进展

#### 1.3.1.1　再生水

发达国家的再生水研究利用起步时间比较早,20 世纪 50 年代以来,城市污水回收利用开始在以美国、日本、以色列和新加坡等为代表的发达国家中得以发展并走在再生水资源利用技术的前列。

日本最先提出"再生水"的概念,再生水指区域内的工业和生活等污水通过污水回收厂回收处理,达到规定的水质标准后,能够再次利用的非饮用水资源。由于水资源严重匮乏,所以日本的再生水利用起步很早,在 20 世纪 70 年代就有一定的发展,自 1977 年开始,日本实行了农村污水回收计划,以求改善农村的环境和水质。日本再生水回用的代表设施就是中水道系统,中水道的再生水主要用于绿地浇水、路面清洁、生活清厕、工业冷却、农业灌溉和建筑杂用,日本的再生水回用率高,技术成熟,并且出台了相应的水质指标和管理法规。1991 年提出的"造水计划"要求主要研究和资助再生水工作,提出了很多污水回收处理方式。至 2003 年,日本已经建立了再生水回收厂 216 座,每年可提供 2 亿 $m^3$ 的再生水资源,占全国污水处理总量的 1.6%。目前,日本城市污水回用量可以达到 0.63 亿 $m^3/d$,日本的再生水水质稳定,很多用于农田灌溉和果树浇灌,濑户内海地区再生水使用量已经达到了淡水总消费量的 65%,大大减轻了供水压力。

美国也是世界上最先开展再生水资源利用的国家之一,早在 20 世纪 60 年代就已经大规模建设污水回收厂,之后开展了污水回收再利用,城市污水处理率已达到 100%,同时城市污水处理的等级都达到了二级以上。为了更好地发展再生水回用技术,早在 1992 年,美国国家环境保护局(EPA)就制定了《再生水利用指南》,《再生水利用指南》中制定了政策、法规和标准,并列举了许多示范工程。其中,加利福尼亚州的再生水资源量从

1970 年的 2.16 亿 $m^3$ 增长到了 2003 年的 6.35 亿 $m^3$,佛罗里达州 2/3 的污水得以回用,再生水利用能力从 1992—2012 年也基本增加了 2 倍。截至目前,美国已有 357 个城市开始使用再生水,全国城市污水回用总量达到 94 亿 $m^3$,回用用途包括灌溉水、景观水、工艺水、工业冷却水、地下水回灌和休闲养鱼,其中 58 亿 $m^3$ 用于灌溉,占总回用量的 60%。工业循环水量为 28 亿 $m^3$,占总回用量的 30%,其他方面回用水量不足 10%。

新加坡的再生水工程起步较晚,为了促进城市节水和再生水利用,新加坡政府非常重视中水的再利用。在新加坡,所有的污水都排入污水管网,3/4 以上的污水处理厂尾水经超滤、反渗透、紫外线消毒后用于工业用水和商业用水或城市杂用,部分被注入蓄水池与天然水混合后经自来水厂进一步处理达标后,作为饮用水向市民供应。此外,新加坡不仅积极推行开放的管理政策,引导可再生用水市场向社会资本开放,还利用价格杠杆来促进新水的使用,从而使新水拥有巨大的市场优势。

北欧国家的污水回用主要是为了保护水资源,地中海沿岸国家的污水回用主要是为了缓解工农业用水的短缺。希腊 1999 年的污水处理系统服务于全国 80% 的人口,270 家污水处理厂每天处理 130 万 $m^3$ 的污水。欧洲国家在污水湿地处理系统方面做了大量工作,使再生水的水质能够满足用水要求。

在干旱国家中,以色列是回收水再利用的最佳国家,高度重视废水回收利用,并将促进所有废水的再利用作为一项国家政策。以色列在污水利用方面取得了巨大成功,并建立了许多大型废水回收厂,再利用率达到 90% 以上,其中 42% 用于农业灌溉,30% 用于地下水补给,城市污水出水水质已达到二级以上。同时,回收水还采用低水价鼓励用户将其用作生活用水,目前生活使用再生水量已占总供水量的 10% 以上。可以看出,在国外再生水回用做得很好的国家,技术已经相当成熟,并出台了相应的法律法规、标准和支持政策。再生水已被用于农业灌溉、景观用水、工业用水、城市杂用水、生活用水、地下水补充,甚至饮用水源。

**1.3.1.2　雨水**

国外雨水利用发展较早,雨水资源利用已有几十年的历史。20 世纪 60 年代以来,德国、日本、英国等经济发达国家开始重视雨水资源的研究与利用,并制定了一系列雨水利用的法律法规。美国和欧洲的发达国家在 20 世纪 60 年代开始使用雨水和洪水资源,雨水回用技术水平及推广度较高,主要包括雨水回用技术开发,制定雨水回用相关法律法规等措施,建设并完善城市雨水回用设施,其中最典型的是屋顶储水系统、草地、渗水池,由透水地面组成的径流恢复灌溉系统可收集雨水,用于生产和生活用水,如车辆清洗、厕所冲洗、庭院洒水、洗衣和地下水补给等。德国、日本、美国、英国等国家对雨水利用研究较早,形成了完善的理论体系和成熟的技术装备,颁布了相关技术标准、政策法规,开发了一系列产品和设施,形成了雨水利用的基础产业。

德国在雨水资源化利用研究方面处于世界科技前沿,是欧洲开展雨水资源化利用最好的国家之一。德国长期致力于雨水利用技术的研究和开发,现在已成为世界先进国家。从规划、设计到应用,不仅形成了完善的技术体系,还制定了配套的法律法规和管理规定。在德国,修建雨水管道输送雨水并临时储存雨水,以削减洪峰。1989 年,德国颁布了雨水利用设施标准。如今,德国在建设新社区时应设计雨水利用设施,否则政府将征收雨水排放费,其雨水利用技术已进入标准化和产业化阶段。

日本是一个雨水丰富的国家,雨水资源利用在亚洲处于领先地位。近年来,日本政府积极实施雨水储存和利用的节水政策。20世纪90年代,日本10多个城市推广了雨水综合利用系统,并修建了专门的雨水蓄水池进行利用。1992年,日本政府颁布了"第二代城市下水道总体规划",正式将雨水渗透沟、渗透池和透水地面作为城市总体规划的组成部分。新建、改建的大型公共建筑必须设置雨水渗透设施。日本东京8.3%的人行道采用透水性沥青路面,以便雨水渗入地面并收集利用。

美国雨水资源利用的目的是提高自然渗透能力,针对城市化造成的河流下游洪水问题,制定了雨水利用条例,强制实施"局部滞洪蓄水"。美国的许多城市都建立了屋顶蓄水和地表补给系统,由渗水池、水井、草地和透水地面组成。例如,加利福尼亚州弗雷斯诺市地下补给系统的年补给量占该市年用水量的20%。芝加哥已经建立了一个覆盖半个城市的雨水利用地下蓄水系统,用于清洗道路和车辆的水基本上由回收的雨水承担。

许多国家将雨水循环利用视为城市生态系统的一部分。以色列可能是最珍视雨水的国家,据报道,以色列降水资源利用率达98%,几乎每一滴雨水都储存在各种雨水收集装置中。20世纪80年代,泰国建造了1 200多万个2 $m^3$ 的家庭雨水收集池,解决了300多万农村人口的吃水问题。澳大利亚、加拿大、瑞典、印度、巴西、墨西哥等国已采取工程措施,如修建小型水池、筒仓和水坝,以保留雨水用于灌溉,取得了良好的效果。澳大利亚城市有两套水收集系统,一套是生活污水收集系统,另一套是雨水收集系统。污水回收成本高,收集的雨水经简单处理即可使用。英国的地表蓄水系统将部分地区收集的雨水径流人工储存起来,作为城市水道的重要水源,供人们日常使用。英国为纪念新千年而建造的"世纪穹顶"平均每天能从屋顶收集到100 $m^3$ 的雨水,基本上可以满足冲洗厕所的需要。自20世纪80年代以来,丹麦全面实施了屋顶雨水收集,将雨水泵入储水箱储存,并将其过滤用于冲洗厕所和洗衣服。

发达国家城市雨水资源利用的经验主要有三个方面:一是建立屋顶储水系统,收集储存雨水,稍加处理后主要用于居民非饮用水;二是建立雨水入渗系统,通过修建渗水沟、人工湿地、地下水回灌井等方式增加雨水入渗,充分发挥地下水库在雨水储存中的作用;三是制定一系列相关法律,鼓励结合经济手段利用雨水资源。综上所述,国外雨水利用重视水质管理、水源管理以及非工程措施。雨水利用范围广,技术相对成熟,利用方式和形式多样。同时,制定了一系列的雨水利用政策法规,建立了较为完善的雨水收集和利用系统。收集的雨水资源用于厕所冲洗,车辆清洁,景观、绿化、屋顶花园水和补给地下水。

### 1.3.1.3 微咸水

由于淡水资源短缺,合理开发微咸水等劣质水已成为世界性的热点问题,在淡水资源稀缺的干旱和半干旱地区,人们在微咸水供水、灌溉等方面进行了大量的科学研究。

以色列地处中东,是世界上典型的严重缺水国家之一。为了解决缺水问题,以色列通过计算机计算,获得了适当比例的微咸水和淡水,以满足日常生活用水和农业用水。在美国,经过微咸水灌溉后,其西南部的棉花、甜菜和小麦产量远高于其他地区。美国贝兹维尔干旱期间,稀释的盐水和一些海水淹没区的咸水水源被用来灌溉草莓和蔬菜。加利福尼亚灌区采用明沟、排水管和水井,排出的水与淡水混合后,盐度不超过2.0 g/L的水用于灌溉。作为亚洲最早使用微咸水进行农业灌溉的国家,日本也设法使用含盐量为0.7%~2.0%的微咸水。意大利用盐度为2~5 g/L的微咸水进行灌溉已有20多年,其他中亚和阿拉伯等国家也有使用盐度为3~8 g/L的微咸水进行农田灌溉的成功范例。印度、西班牙、德国和瑞典的一些实验性灌溉厂用盐度为6.0~33.0 g/L的海水灌溉小麦、玉米、蔬菜、烟草和其他作物。突尼斯不仅成功用盐度为4.5~5.5 g/L的地下水灌溉了小麦、玉米和其他谷物作物,还在撒哈拉沙漠具有排水技术和灌溉条件的地区,利用盐度为1.2~6.2 g/L的地下水灌溉玉米、小麦、棉花、蔬菜和其他作物,取得了良好的效果。

微咸水淡化技术在国外的应用已有数十年的历史,以色列、美国、意大利、法国、奥地利等国家的技术发展较为成熟,特别是在中东一些极度缺水的国家,微咸水淡化为生活饮用水和农林灌溉用水提供了有力保障。在发达国家中,有越来越多成功的微咸水淡化实例,在确保工业生产、居民生活、农田灌溉和当地缺水地区的生态保护方面发挥了积极作用。

#### 1.3.1.4 矿井水

矿井排水是矿山开采过程中自然水资源和生活污水流入矿山形成的水源,矿井排水分为洁净矿井水和污矿井水。尽管矿井排水存在水质问题,但作为一种潜在的可利用资源,欧美等发达国家将矿井排水用作采矿附属资源,根据矿井排水水质和用户需求,矿井排水的用途可分为生活用水、生产用水、冷却水等。

美国、俄罗斯、印度、中国、澳大利亚和南非的煤炭储量总和占世界煤炭储量的80%以上。国外主要产煤国对矿井水处理及资源化利用技术的研究和应用较早,取得了大量的理论研究成果,积累了丰富的工程应用经验。煤矿水资源化利用应结合煤矿水水质特点和当地实际情况,对于水资源丰富的地区,煤矿水经无害化处理后可排入地表水体,达到排放标准;对于水资源相对较少的地区,矿井水被视为一种资源,并对其进行充分开发和利用。

国外矿井水处理技术成熟,综合利用率已达到良好水平。在国外,矿井水是一种易于开发利用的自然资源。早在20世纪70年代,美国开始尝试用人工湿地处理酸性矿井水。许多研究人员对人工湿地技术进行了大量的实验研究,发现湿地中的嗜酸性植物,如香蒲,能够承受一定浓度的硫酸和其他金属。经过以该植物为主的湿地后,酸性矿井水的pH值可升高,约50%的污染物可被去除。人工湿地处理方法具有出水水质稳定、基建和运行费用低、维护管理方便等优点,但同时该方法的处理效果并不十分理想,部分酸性矿井水需要其他化学处理。为此,美国的凯特提出硫酸盐还原菌法对酸性矿井水进行处理。加拿大拉瓦尔大学的法陶斯通过向矿井水中添加缓释杀菌剂以抑制黄铁矿的氧化,基本上解决了酸性矿井水的生成问题。目前,许多发达国家采用生化方法处理高铁酸性矿井水。

日本已经建立了一套完整的煤炭使用法律体系,并促进了煤矿废水的处理和再利用。日本的矿井水部分用于洗煤外,大部分矿井水经沉淀处理后排入地表水系统,以去除悬浮固体。日本处理矿井水的技术一般包括液固分离技术、中和法、中毒处理法、还原法、离子交换法等。

俄罗斯煤炭工业在世界上处于领先地位,其矿山水处理技术及其应用的研究起步较早,并取得了显著成果。俄罗斯矿山环境保护研究所通过空气波动净化水,俄罗斯煤矿建设和工作机构研究的电片法是通过金属电极用直流电处理矿井水。在电化学和电生理的综合作用下,水的微粒、杂质和微气泡以矿井水的形式形成松散的聚集体,凝结后漂浮在水面上,形成一层泡沫,然后用刮刀将其清除。该方法可将聚集杂质的沉淀速率提高数倍。

## 1.3.2 国内研究进展

### 1.3.2.1 再生水

中国城市污水的回收利用研究始于 1958 年的国家科学研究计划,并于 20 世纪 60 年代开始关注灌溉研究;20 世纪 70 年代,对城市废水的深度处理进行了研究,以实现废水的再利用;20 世纪 80 年代,由于城市水资源日益匮乏,相继开展了污水回用工程,在公共建筑中修建了污水回用装置。不可忽视的是,在中国,下水道回收设施和支持管道重新设计方面存在缺陷以及公众对再生水的偏见,给再生水的开发和使用带来了重大困难。

在污水回收再利用方面,从"六五"到"九五",中国先后实施了一批重大科技攻关计划,取得了许多实践经验和研究成果。根据《中国水资源公报》的统计,2019 年中国的污水回收和再利用量为 32.9 亿 $m^3$。相比之下,无论是在处理规模、技术、效果方面还是使用范围方面,中国再生水的使用仍存在很大差距。

中国城市中水回用起步较晚,目前经废水回收站处理后,大多数达到排放标准的再生水直接排入河里或海洋而不使用,不仅浪费了处理效果,而且对环境造成一定的破坏。根据水利部 2009—2010 年开展的研究结果,中国已建成 243 座再生水设施,从 2017 年起,其生产能力为 1 854 万 $m^3/d$,现有 1 572 个县城和 2 209 个城市具有废水回收厂和污水回收设施。城市再生水再利用设施建设的投资方式主要有财政拨款、政府融资、企业贷款、政府"以奖代补"等。在水价方面,部分开展再生水再利用的省市制定了再生水分类价格,仍有一些城市实行再生水单一价格,目前大部分城市的再生水平均价格为 1.0~1.8 元/$m^3$。

总体而言,由于经济发展水平、基础设施建设落后等因素限制,到目前为止,我国城市污水再生工程仍处于起步阶段。已建污水再生项目规模均较小,而且建成后再生水利用率也有待提高,城市污水再生进入良性发展阶段还需要较长的路要走。但再生水回用作为缓解我国水资源短缺和改善水环境质量的重要战略措施,对于缺水城市具有重要的利用价值。

### 1.3.2.2 雨水

虽然我国雨水利用历史悠久,但现代意义上的雨水资源调查和利用主要集中在北方干旱半干旱地区的农村地区,生活用水和生产用水都是通过收集雨水来解决的。自20 世纪 90 年代以来,随着国际雨水利用研究和技术的深入,同时淡水资源日益稀缺,以及日益突出的洪水和雨涝灾害问题,使得城市雨水资源化在我国得到了一定程度的发展,越来越受到人们的重视。

北京是中国第一个开展城市降雨研究的城市,现在已经成为中国最大的雨水利用城市。在这之后,其他主要城市也进入了该项目的实施和推广阶段,如上海、西安、大连和哈尔滨。北京市在 2004 年发布的《关于加强建设工程用地内雨水资源利用的暂行规定》,

要求所有新项目都必须配备雨水利用设施。

目前北京等城市已建设了大量的雨水资源利用示范项目,例如奥林匹克公园和奥运村的建设,这些项目采用了各种形式的雨水收集和再利用。其中,国家体育场每年可收集5.8 万 $m^3$ 的雨水,国家游泳中心每年可回收雨水总量为 1.0 万 $m^3$。上海世博会中心区的四个永久性场馆和扩建轴,包括主题馆、中国馆、世博中心和文化中心都配备了雨水收集和利用系统,每年可收集 10.97 万 $m^3$ 的雨水。上海浦东国际机场航站楼建立了完善的雨水收集系统。大连是典型的严重缺水城市,在雨水收集、储存和利用方面取得了良好的成绩。同时北京等城市还建立了涵盖法律、行政、技术、经济、教育等多个方面的雨水利用宏观政策,初步形成了系统框架。如北京实施的经济手段主要包括补贴、削减和罚款制度,但由于雨水利用仍处于发展初期,补贴仍然是实际实施过程中的主要激励措施,其他经济手段很少使用。

在雨水管理系统方面,中国建筑设计研究院 2007 年颁布的《建筑与小区雨水利用工程技术规范》在水量和水质方面做出了具体规定,在土壤渗滤系统、雨水收集系统、蓄水和回用系统、水质处理、施工质量维护验收和管理等方面,建立了城市雨水利用的专门标准。各地还出台了雨水利用的有关规定和措施,促进了水的利用,如《北京市关于加强建设工程用地内雨水资源利用的暂行规定》《淮北市雨水利用管理办法》等,安徽省和南京市制定了《城市供水和节约用水管理条例》,对缓解水资源短缺起到了积极作用。

总体而言,我国雨水的开发利用仍集中在北方干旱地区,南部沿海缺水城市推广较慢,但目前我国正在积极推进"海绵城市"建设。雨水作为重要的组成部分,其开发利用将得到更多的关注和实质性的进展。

### 1.3.2.3 微咸水

我国对微咸水利用的研究起步较晚,目前仍处于探索阶段,研究成果尚未得到广泛推广和应用。目前,我国微咸水淡化利用率较低,不到总开发量的 5%,开发利用微咸水潜力巨大,在工农业生产和生活供水方面开发空间广阔。

在工业方面,微咸水主要用作冷却水或工艺用水,也可以用作油田注水、制盐和提取盐化工产品。微咸水作为冷却水主要在化工、电力、城镇环卫等行业及滨海港口地区的工业企业使用较为普遍,对于纺织、铸造、水泥制品等水质要求不高的循环冷却用水也可使用微咸水。如沧州市规划在市区、沧县、黄骅、中捷、大港等地区的大中小企业的冷冻水,纺织、冶炼、水泥制品等工业循环水使用微咸水。一些企业还建立了微咸水水源地,将微咸水淡化后向工业生产供水。同时,为了减少淡水消耗,部分油田尝试使用微咸水代替淡水进行驱油。一些地区甚至还探索利用微咸水制盐和提取盐化工产品。

在农业方面,自 20 世纪 60 年代以来,宁夏、河北等地区先后将微咸水纳入农田灌溉用水,多年的灌溉经验表明,微咸水灌溉小麦的产量高于正常水平。甘肃省采用"清洪轮灌"方法("清"是指盐度略高于淡水的水源,即微咸水,"洪"主要是指夏季洪水),即依次使用微咸水和淡水灌溉农田。中国科学院水利部水土保持研究所也尝试利用不同水质的微咸水灌溉不同盐渍化程度的土壤。在水产养殖业中,微咸水可用于河蟹、鱼和虾等水产品养殖,莱阳市海洋与渔业局曾在穴坊镇吕家滩村南水产养殖试验基地利用微咸水开展了刺参人工育苗技术试验,滨州市开展了微咸水育河蟹、对虾试验,获得良好效果。在种植业中,微咸水可用于种植食用菌。黄骅市的食用菌开发中心用矿化度3%~9.5%的微咸水成功栽培了鸡腿菇、杏鲍菇和白灵菇,并种植了耐盐碱的作物。

在生活供水方面,微咸水利用主要分为直接利用和间接利用。直接利用主要包括将微咸水直接应用于洗涤,办公楼、旅馆、招待所等卫生用水,市政建设中洒水、消防、基建的部分用水。沧州市曾在城区实验开发地下咸水,并建输水管网送水供用户用于洗菜、洗碗、洗衣、冲厕、洗车、拖洗地面、庭院水池、浇灌绿地等可用咸水替代的各种用水环节,有效地减少了淡水需求量。间接利用主要是咸水淡化,在淡水资源匮乏的西北内陆、海岛地区,通过咸水淡化措施,解决生活、生产用水问题。如国内甘肃庆阳、河西地区部分集中供水水源为淡化后的微咸水。

#### 1.3.2.4 矿井水

20世纪60年代,中国与西方发达国家之间的交流增加,推动了矿井疏干水技术发展。徐州、淮北、大同、平顶山等矿区已经建立了疏干水站点,特别是近20年来,我国矿井水利用率有了质的飞跃。一些地方政府开始关注矿山疏干水在缓解水资源短缺方面的作用[19],如鄂尔多斯市制定了《鄂尔多斯市矿山综合利用方案》和《鄂尔多斯市矿山及回收水年度疏干水方案》。我国矿山疏干水的利用还处于初级阶段,矿业发展需求很大,从社会效益的角度来看,矿山疏干水的前景非常广阔。矿山疏干水利用主要依靠净化工艺,目前矿井疏干水资源的净化工艺主要包括固体颗粒沉淀、高锰酸钾浸泡过滤、电渗析脱盐等工艺,其中最重要的工艺是矿井疏干水淡化技术。

作为一种可利用的资源,矿井水资源利用量逐年上升。我国矿井水资源利用主要有两种使用形式:一种是矿井疏干水经过自然沉淀等简单处理后,直接利用矿井疏干水进行洗煤、地下除尘、厂区道路浇洒、厂区绿化等;另一种是矿井疏干水经过达标处理后,用于矿区及周边区域生活用水或用于矿区余热发电项目锅炉等生产用水。

# 1.4 主要研究内容

## 1.4.1 非常规水资源利用现状研究

非常规水资源利用现状研究结合《陕西省水资源公报》《陕西省水资源调查评价》等资料,首先从时空角度对陕西省的降水资源进行研究,重点分析降水量、降水特征、降水分布等。在此基础上,进一步分析全省地表水资源量、地下水资源量、水资源总量。同时从蓄、引、提等方面对全省地表水利用工程进行分析研究;以机电井为研究对象,分析地下水利用工程情况;结合陕西省实际,对全省再生水、雨水、微咸水、矿井疏干水等非常规水源利用工程进行分析研究,并对非常规水利用情况进行梳理,说明全省非常规水资源利用工程、利用量、回用方向等。

## 1.4.2 非常规水资源利用问题识别

根据全省非常规水资源利用现状,对各地市再生水、雨水、微咸水、矿井水等非常规水资源利用情况进行摸底和典型剖析调查,从政策制度、体制机制、技术研发、资金投入、队伍建设等方面,全面剖析全省非常规水资源利用中存在的主要问题,准确识别制约全省非常规水资源利用的主要因素,为非常规水资源利用对策研究奠定基础。

### 1.4.3　非常规水资源利用潜力研究

非常规水资源利用潜力分析是进一步提高非常规水资源利用的基础,非常规水资源利用潜力分析将分别从水量、水质、技术、分布特性等方面分析再生水、雨水、微咸水、矿井疏干水利用的可行性,并从需求潜力和供水潜力两方面,分析计算经济社会发展给非常规水资源利用带来的潜力。

### 1.4.4　非常规水资源利用对策研究

针对非常规水资源利用中存在的问题,结合非常规水资源利用潜力分析,在参考国内外非常规水资源利用的经验基础上,提出非常规水资源利用的总体思路,并从工程策略和非工程策略两方面制定非常规水资源利用措施。同时结合研究成果,初步拟定以延安市为再生水利用典型地区进行案例研究,为进一步推动全省非常规水资源利用提供借鉴。

## 1.5　研究技术路线

本书在现状调查和文献查阅基础上,从全省非常规水资源利用现状出发,剖析非常规水资源利用中存在的主要问题,分析全省非常规水资源利用的潜力,在此基础上,对促进非常规水资源利用的对策进行研究,为全省非常规水资源利用提供技术支撑。本书研究拟采用的技术路线见图1-1。

## 1.6　研究目标

### 1.6.1　识别非常规水资源利用现状及问题

针对陕西省内再生水、雨水、微咸水、矿井疏干水等几类主要的非常规水资源,在调查研究及资料收集分析基础上,结合近年来非常规水资源利用现状,深入剖析省内非常规水资源开发利用中存在的问题,准确识别制约全省非常规水资源推行的主要因素。

### 1.6.2　提出促进非常规水资源利用对策

针对非常规水资源利用中存在的主要问题,从工程措施、非工程措施方面进行系统研究,有针对性地提出一套因地制宜、行之有效的非常规水资源利用的对策措施。

### 1.6.3　制定典型地区非常规水资源利用对策

在现状问题分析及对策研究基础上,选择再生水、雨水、微咸水、矿井疏干水中一种非常规水源类型,选择一个市(县、区)作为典型,进行典型示范研究,为进一步推动研究成果的应用提供借鉴。

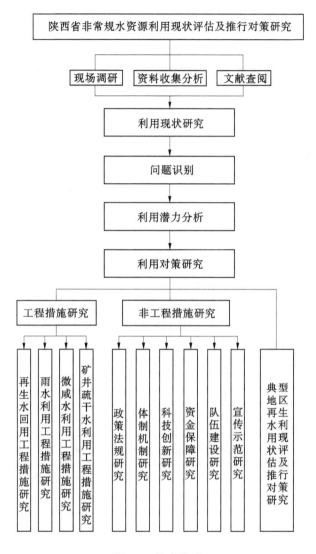

**图 1-1 技术路线**

## 1.7 创新点

(1)本书创新性地采用"鱼骨分析法"+"5M 因素法"对全省非常规水资源开发利用现状存在的问题进行了分析识别,得到全省非常规水资源开发利用中存在的基础(料)、方法(法)、机(软硬件)、人、环境(环)五方面的具体问题。

(2)本书首次系统性地计算了陕西省再生水、雨水、微咸水及矿井疏干水资源的供水潜力和需水潜力,预测了陕西省 2025 年非常规水资源总的开发利用潜力。

(3)本书创新性地提出一套符合陕西特点的可复制、可推广、可落地的非常规水资源利用的模式及对策措施,为进一步加大非常规水资源利用,缓解地区缺水提供了技术支撑。

# 2 水资源开发利用现状

## 2.1 水资源概况

### 2.1.1 降水资源

#### 2.1.1.1 资源量

根据《陕西省水资源第三次调查评价》成果,陕西省降水量分为 1956—2016 年、1980—2016 年两个系列进行分析计算。

1956—2016 年全省多年平均降水量 1 350.11 亿 m³,折合降水深 656.6 mm,其中陕北地区多年平均降水量 365.93 亿 m³,折合降水深 457.7 mm;关中地区 355.05 亿 m³,折合降水深 640.1 mm;陕南地区 629.13 亿 m³,折合降水深 896.1 mm,分别占全省总量的27.1%、26.3%、46.6%;11 个市级行政区及韩城市、西咸新区中,多年平均降水深最大的为汉中市 974.9 mm,最小的为榆林市 410.6 mm,其余地市及韩城市、西咸新区降水深从大到小依次为安康、商洛、西安、宝鸡、韩城、铜川、渭南、西咸新区、咸阳、延安、杨凌。1956—2016 年全省多年平均降水量见表 2-1、图 2-1、图 2-2。

表 2-1　陕西省各分区多年平均降水量

| 分区名称 | 计算面积/km² | 1956—2016 年多年平均降水量 | | 1980—2016 年多年平均降水量 | |
|---|---|---|---|---|---|
| | | 降水深/mm | 降水量/万 m³ | 降水深/mm | 降水量/万 m³ |
| 西安市 | 9 873 | 741.5 | 732 049 | 736.9 | 727 567 |
| 铜川市 | 3 881 | 586.4 | 227 594 | 582.4 | 226 016 |
| 宝鸡市 | 18 120 | 681.1 | 1 234 179 | 673.5 | 1 220 396 |
| 咸阳市 | 9 541 | 559.4 | 533 703 | 556.5 | 530 960 |
| 杨凌区 | 135 | 461.0 | 6 223 | 438.9 | 5 925 |
| 西咸新区 | 882 | 561.4 | 49 513 | 555.3 | 48 975 |
| 渭南市 | 11 437 | 586.2 | 670 381 | 567.7 | 649 268 |
| 韩城市 | 1 596 | 606.7 | 96 834 | 602.8 | 96 204 |
| 关中 | 55 465 | 640.1 | 3 550 476 | 632.0 | 3 505 311 |
| 延安市 | 37 032 | 512.2 | 1 896 730 | 502.7 | 1 861 657 |
| 榆林市 | 42 923 | 410.6 | 1 762 557 | 404.7 | 1 737 021 |
| 陕北 | 79 955 | 457.7 | 3 659 287 | 450.1 | 3 598 678 |

续表 2-1

| 分区名称 | 计算面积/km² | 1956—2016 年多年平均降水量 | | 1980—2016 年多年平均降水量 | |
|---|---|---|---|---|---|
| | | 降水深/mm | 降水量/万 m³ | 降水深/mm | 降水量/万 m³ |
| 汉中市 | 27 093 | 974.9 | 2 641 278 | 989.6 | 2 681 094 |
| 安康市 | 23 535 | 906.3 | 2 133 085 | 933.7 | 2 197 370 |
| 商洛市 | 19 581 | 774.7 | 1 516 981 | 776.9 | 1 521 247 |
| 陕南 | 70 209 | 896.1 | 6 291 344 | 911.5 | 6 399 711 |
| 合计 | 205 629 | 656.6 | 13 501 107 | 656.7 | 13 503 700 |

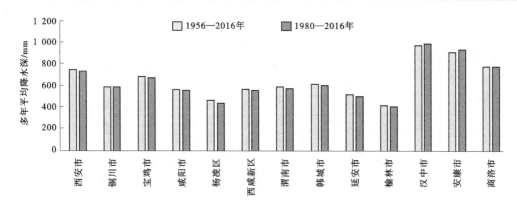

图 2-1　陕西省各行政区多年平均降水深

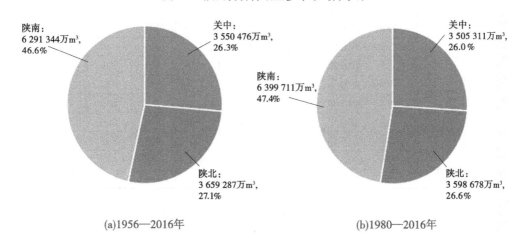

(a)1956—2016年　　　　　　　　　(b)1980—2016年

图 2-2　陕西省各片区多年平均降水量

1980—2016 年全省多年平均降水量 1 350.37 亿 m³,折合降水深 656.7 mm,其中陕北地区多年平均降水量 359.87 亿 m³,折合降水深 450.1 mm;关中地区多年平均降水量 350.53 亿 m³,折合降水深 632.0 mm;陕南地区多年平均降水量 639.97 亿 m³,折合降水深 911.5 mm,分别占全省总量的 26.6%、26.0%、47.4%;11 个市级行政区及韩城市、西咸新区中,多年平均降水深最大的为汉中市 989.6 mm,最小的为榆林市 404.7 mm,其余地市及韩城市、西咸新区降水深从大到小顺序与 1956—2016 年系列相同。1956—2016 年、1980—2016 年全省不同频率年降水量见表 2-2。

表 2-2　陕西省各分区不同频率年降水量

| 分区名称 | 计算面积/km² | 统计年限 | 年数 | 年均值/mm | 不同频率年降水量/mm | | | | |
|---|---|---|---|---|---|---|---|---|---|
| | | | | | 20% | 50% | 75% | 90% | 95% |
| 西安市 | 9 873 | 1956—2016 年 | 61 | 741.5 | 856 | 732 | 642 | 567 | 526 |
| | | 1980—2016 年 | 37 | 736.9 | 858 | 727 | 632 | 554 | 510 |
| 铜川市 | 3 881 | 1956—2016 年 | 61 | 586.4 | 684 | 578 | 501 | 438 | 403 |
| | | 1980—2016 年 | 37 | 582.4 | 675 | 573 | 492 | 426 | 390 |
| 宝鸡市 | 18 120 | 1956—2016 年 | 61 | 681.1 | 783 | 659 | 570 | 496 | 456 |
| | | 1980—2016 年 | 37 | 673.5 | 779 | 643 | 546 | 468 | 425 |
| 咸阳市 | 10 283 | 1956—2016 年 | 61 | 559.4 | 666 | 551 | 469 | 403 | 367 |
| | | 1980—2016 年 | 37 | 556.5 | 667 | 546 | 460 | 391 | 354 |
| 杨凌区 | 135 | 1956—2016 年 | 61 | 461.0 | 553 | 452 | 380 | 323 | 291 |
| | | 1980—2016 年 | 37 | 438.9 | 528 | 430 | 361 | 306 | 275 |
| 西咸新区 | 882 | 1956—2016 年 | 61 | 561.4 | 666 | 551 | 469 | 403 | 367 |
| | | 1980—2016 年 | 37 | 555.3 | 666 | 544 | 457 | 388 | 350 |
| 渭南市 | 11 437 | 1956—2016 年 | 61 | 586.2 | 683 | 579 | 473 | 442 | 408 |
| | | 1980—2016 年 | 37 | 567.7 | 664 | 560 | 484 | 423 | 389 |
| 韩城市 | 1 596 | 1956—2016 年 | 61 | 606.7 | 716 | 591 | 502 | 430 | 390 |
| | | 1980—2016 年 | 37 | 602.8 | 733 | 602 | 510 | 435 | 394 |
| 延安市 | 37 032 | 1956—2016 年 | 61 | 512.2 | 595 | 505 | 440 | 387 | 357 |
| | | 1980—2016 年 | 37 | 502.7 | 584 | 497 | 433 | 382 | 353 |
| 榆林市 | 42 923 | 1956—2016 年 | 61 | 410.6 | 492 | 403 | 340 | 289 | 261 |
| | | 1980—2016 年 | 37 | 404.7 | 479 | 398 | 340 | 293 | 267 |
| 汉中市 | 27 093 | 1956—2016 年 | 61 | 974.9 | 1 130 | 958 | 834 | 732 | 675 |
| | | 1980—2016 年 | 37 | 989.6 | 1 160 | 968 | 832 | 721 | 660 |
| 安康市 | 23 535 | 1956—2016 年 | 61 | 906.3 | 1 030 | 898 | 800 | 718 | 672 |
| | | 1980—2016 年 | 37 | 933.7 | 1 060 | 926 | 831 | 751 | 705 |
| 商洛市 | 19 581 | 1956—2016 年 | 61 | 774.7 | 895 | 766 | 672 | 594 | 551 |
| | | 1980—2016 年 | 37 | 776.9 | 896 | 768 | 675 | 598 | 554 |

### 2.1.1.2　变化趋势

陕西省多年平均年降水量变化情况:与 1956—2016 年多年平均年降水量相比,全省 1971—1980 年、1991—2000 年降水量普遍偏少,1991—2000 年偏少更甚;1981—1990 年、2011—2016 年全省降水量普遍偏大,长江流域部分地区降水量偏大较明显;1961—1970 年、1981—1990 年、2011—2016 年降水量除个别区域有所偏小外,其他皆稍偏大,陕北地区有些区域降水量偏大较明显。全省各地区各年代平均年降水量变化见表 2-3。全省及各分区的逐年降水量见图 2-3,由图 2-3 可以看出,陕北地区、关中地区、陕南地区及全省降水量变化趋势大体一致,除了陕北个别年份略有不同,全省的降水量变化趋势跟关中地区基本一致。

表 2-3 陕西省地级行政区各年代平均年降水量变化分析

| 名称 | 计算面积/km² | 1956—2016年降水量/mm | 1956—1960年 | | 1961—1970年 | | 1971—1980年 | | 1981—1990年 | | 1991—2000年 | | 2001—2010年 | | 2011—2016年 | |
| | | | 降水量/mm | 距平/(±%) | 降水量/mm | 距平/(±%) | 降水量/mm | 距平/(±%) | 降水量/mm | 距平/(±%) | 降水量/mm | 距平/(±%) | 降水量/mm | 距平/(±%) | 降水量/mm | 距平/(±%) |
|---|---|---|---|---|---|---|---|---|---|---|---|---|---|---|---|---|
| 关中 | 55 465 | 640.1 | 690.5 | 7.9 | 668.4 | 4.4 | 620.6 | -3.1 | 699.5 | 9.3 | 558.3 | -12.8 | 624.7 | -2.4 | 646.7 | 1.0 |
| 陕北 | 79 955 | 457.7 | 491.9 | 7.5 | 488.1 | 6.7 | 429.5 | -6.2 | 451.1 | -1.4 | 386.5 | -15.6 | 469.1 | 2.5 | 536.0 | 17.1 |
| 陕南 | 70 209 | 896.1 | 873.4 | -2.5 | 895.0 | -0.1 | 863.6 | -3.6 | 1 002.7 | 11.9 | 816.0 | -8.9 | 902.5 | 0.7 | 916.1 | 2.2 |
| 全省 | 205 629 | 656.6 | 675.7 | 2.9 | 675.7 | 2.9 | 629.2 | -4.2 | 706.5 | 7.6 | 579.5 | -11.7 | 659.0 | 0.4 | 695.6 | 5.9 |

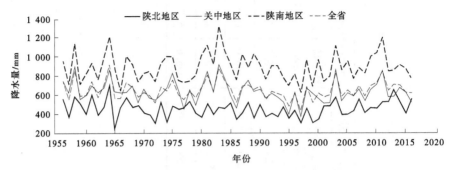

图 2-3　陕西省各地区 1956—2016 年降水量折线

## 2.1.2　地表水资源

### 2.1.2.1　资源量

根据《陕西省水资源第三次调查评价》成果,陕西省地表水资源量分为 1956—2016 年、1980—2016 年两个系列进行分析计算。

1956—2016 年陕西省多年平均地表水资源量为 384.60 亿 m³,相应年径流深为 187.0 mm,其中关中多年平均地表水资源量为 62.53 亿 m³,相应年径流深为 112.7 mm;陕北多年平均地表水资源量为 30.64 亿 m³,相应年径流深为 38.3 mm;陕南多年平均地表水资源量为 291.43 亿 m³,相应年径流深为 415.1 mm。

1980—2016 年陕西省多年平均地表水资源量为 369.62 亿 m³,相应年径流深为 179.8 mm,其中关中多年平均地表水资源量为 60.35 亿 m³,相应年径流深为 108.8 mm;陕北多年平均地表水资源量为 28.39 亿 m³,相应年径流深为 35.5 mm;陕南多年平均地表水资源量为 280.88 亿 m³,相应年径流深为 400.1 mm。

陕西省各行政区多年平均径流深见图 2-4、陕西省各片区多年平均径流量见图 2-5,陕西省各分区多年平均地表水资源量见表 2-4,陕西省各分区不同频率地表水资源量特征值见表 2-5。

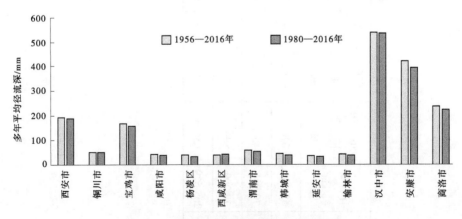

图 2-4　陕西省各行政区多年平均径流深

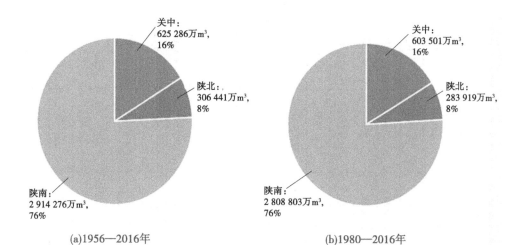

(a)1956—2016年　　　　　　　　　　(b)1980—2016年

图 2-5　陕西省各片区多年平均径流量

表 2-4　陕西省各分区多年平均地表水资源量

| 分区名称 | 计算面积/km² | 1956—2016年多年平均地表水资源量 | | 1980—2016年多年平均地表水资源量 | |
|---|---|---|---|---|---|
| | | 径流深/mm | 径流量/万 m³ | 径流深/mm | 径流量/万 m³ |
| 西安市 | 9 873 | 190.9 | 188 484 | 190.2 | 187 761 |
| 铜川市 | 3 881 | 49.9 | 19 347 | 49.9 | 19 367 |
| 宝鸡市 | 18 120 | 167.3 | 303 165 | 157.4 | 285 229 |
| 咸阳市 | 9 541 | 40.3 | 38 460 | 39.7 | 37 910 |
| 杨凌区 | 135 | 37.4 | 505 | 32.6 | 440 |
| 西咸新区 | 882 | 38.7 | 3 417 | 41.6 | 3 665 |
| 渭南市 | 11 437 | 56.6 | 64 723 | 54.9 | 62 758 |
| 韩城市 | 1 596 | 45.0 | 7 185 | 39.9 | 6 371 |
| 关中 | 55 465 | 112.7 | 625 286 | 108.8 | 603 501 |
| 延安市 | 37 032 | 35.2 | 130 471 | 32.5 | 120 288 |
| 榆林市 | 42 923 | 41.0 | 175 970 | 38.1 | 163 631 |
| 陕北 | 79 955 | 38.3 | 306 441 | 35.5 | 283 919 |
| 汉中市 | 27 093 | 537.9 | 1 457 269 | 533.5 | 1 445 518 |
| 安康市 | 23 535 | 421.5 | 991 897 | 392.1 | 922 789 |
| 商洛市 | 19 581 | 237.5 | 465 110 | 225.0 | 440 496 |
| 陕南 | 70 209 | 415.1 | 2 914 276 | 400.1 | 2 808 803 |
| 合计 | 205 629 | 187.0 | 3 846 003 | 179.8 | 3 696 223 |

表 2-5  陕西省各分区不同频率地表水资源量特征值

| 分区名称 | 计算面积/km² | 统计年限 | 年数 | 年均值/万 m³ | 不同频率地表水资源量/万 m³ | | | | | |
|---|---|---|---|---|---|---|---|---|---|---|
| | | | | | 20% | 50% | 75% | 90% | 95% | |
| 西安市 | 9 873 | 1956—2016 年 | 61 | 187 000 | 239 000 | 177 000 | 137 000 | 109 000 | 95 300 | |
| | | 1980—2016 年 | 37 | 186 000 | 239 000 | 175 000 | 135 000 | 107 000 | 93 100 | |
| 铜川市 | 3 881 | 1956—2016 年 | 61 | 19 347 | 26 800 | 16 100 | 11 000 | 8 380 | 7 510 | |
| | | 1980—2016 年 | 37 | 19 367 | 27 200 | 15 600 | 10 400 | 7 940 | 7 200 | |
| 宝鸡市 | 18 120 | 1956—2016 年 | 61 | 303 000 | 406 000 | 277 000 | 200 000 | 150 000 | 127 000 | |
| | | 1980—2016 年 | 37 | 285 000 | 389 000 | 256 000 | 180 000 | 131 000 | 110 000 | |
| 咸阳市 | 9 541 | 1956—2016 年 | 61 | 38 500 | 50 600 | 35 800 | 26 700 | 20 500 | 17 600 | |
| | | 1980—2016 年 | 37 | 38 000 | 50 300 | 35 100 | 26 000 | 19 800 | 16 900 | |
| 杨凌区 | 135 | 1956—2016 年 | 61 | 460 | 688 | 339 | 190 | 126 | 107 | |
| | | 1980—2016 年 | 37 | 397 | 587 | 307 | 179 | 118 | 99.4 | |
| 西咸新区 | 882 | 1956—2016 年 | 61 | 7 230 | 8 660 | 7 050 | 5 940 | 5 080 | 4 630 | |
| | | 1980—2016 年 | 37 | 7 380 | 8 780 | 7 210 | 6 130 | 5 280 | 4 830 | |
| 渭南市 | 11 437 | 1956—2016 年 | 61 | 64 700 | 82 900 | 61 100 | 47 400 | 37 500 | 32 700 | |
| | | 1980—2016 年 | 37 | 62 800 | 80 100 | 59 500 | 46 400 | 37 000 | 32 300 | |
| 韩城市 | 1 596 | 1956—2016 年 | 61 | 7 180 | 10 600 | 5 540 | 3 230 | 2 140 | 1 790 | |
| | | 1980—2016 年 | 37 | 6 370 | 9 430 | 4 900 | 2 850 | 1 880 | 1 580 | |
| 延安市 | 37 032 | 1956—2016 年 | 61 | 130 471 | 165 000 | 122 000 | 95 600 | 77 900 | 69 600 | |
| | | 1980—2016 年 | 37 | 120 288 | 151 000 | 113 000 | 89 500 | 73 400 | 65 800 | |

续表 2-5

| 分区名称 | 计算面积/km² | 统计年限 | 年数 | 年均值/万 m³ | 不同频率地表水资源量/万 m³ | | | | | |
|---|---|---|---|---|---|---|---|---|---|---|
| | | | | | 20% | 50% | 75% | 90% | 95% | |
| 榆林市 | 42 923 | 1956—2016 年 | 61 | 1 457 269 | 1 870 000 | 1 360 000 | 1 050 000 | 853 000 | 760 000 | |
| | | 1980—2016 年 | 37 | 1 445 518 | 1 890 000 | 1 330 000 | 1 010 000 | 800 000 | 710 000 | |
| 汉中市 | 27 093 | 1956—2016 年 | 61 | 175 970 | 217 000 | 170 000 | 138 000 | 115 000 | 103 000 | |
| | | 1980—2016 年 | 37 | 163 631 | 195 000 | 160 000 | 136 000 | 117 000 | 107 000 | |
| 安康市 | 23 535 | 1956—2016 年 | 61 | 991 897 | 1 290 000 | 912 000 | 694 000 | 555 000 | 492 000 | |
| | | 1980—2016 年 | 37 | 922 789 | 1 200 000 | 846 999.9 | 645 000 | 514 000 | 457 000 | |
| 商洛市 | 19 581 | 1956—2016 年 | 61 | 465 110 | 634 000 | 400 000 | 281 000 | 216 000 | 192 000 | |
| | | 1980—2016 年 | 37 | 440 496 | 605 000 | 375 000 | 260 000 | 200 000 | 178 000 | |

### 2.1.2.2 变化趋势

陕西省 1956—2016 多年平均地表水资源量为 384.60 亿 m³。与陕西省第二次地表水资源评价结果(1956—2000 年系列)相比,全省地表水资源量减少 11.8 亿 m³。

1956—2016 年陕西省地表水资源量最大值出现在 1964 年,陕西省地表水资源量最小值发生在 1997 年。20 世纪 50 年代、60 年代、80 年代随着降水量的增加,陕西省地表水资源量也有所增加,但在 70 年代、90 年代地表水资源量减少,尤其是 90 年代地表水资源量最小,减少幅度最大。2000 年以后陕西省地表水资源量变化情况继续呈现减少的趋势,2000—2016 年陕西省地表水资源量比其多年平均值偏少,减小幅度为 9%。

影响地表水资源量变化的主要因素:一是气温变化,20 世纪 50 年代以来,陕西省气温随年代持续上升,往往是高温干旱同时出现,农田和城市生活用水量增多,导致河道外引用水量骤增,河道内河川径流量减少;二是降水量变化,陕西省地表水资源量主要来源于大气降水,降水量的丰枯周期性变化,影响和控制着陕西省河川径流量的周期性变化;三是人类活动影响,20 世纪 80 年代以来,随着陕西省人口和社会经济的快速发展,用水量、耗水量也快速增加,用水量、耗水量的增加直接对河道天然径流量产生明显影响。

陕西省 1956—2016 年入境水量 49.62 亿～246.70 亿 m³,最大值与最小值之比为 4.97 倍;全省 1956—2016 年出境水量 189.28 亿～1 081.02 亿 m³,最大值与最小值之比为 5.71 倍。全省最大入境水量、出境水量均出现在 1964 年,最小入境水量、出境水量均出现在 1997 年,出境水量较入境水量年际变化更大;从历年变化看,出入境水量呈起伏状态,出境水量波动幅度大、变化明显,入境水量波动较小,出入境水量变化趋势基本一致,总体上呈下降趋势。1956—2016 年全省出入境水量变化趋势见图 2-6。

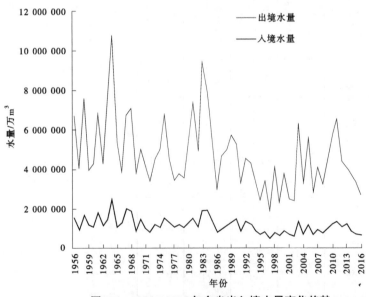

图 2-6　1956—2016 年全省出入境水量变化趋势

## 2.1.3 地下水资源

### 2.1.3.1 水资源量

根据《陕西省水资源第三次调查评价》成果,陕西省地下水资源总量(不含矿化度 $M>2$ g/L)为 145.71 亿 $m^3$。其中关中地下水资源量为 46.83 亿 $m^3$,平原区地下水资源量为 32.79 亿 $m^3$,山丘区地下水资源量为 19.41 亿 $m^3$,重复量为 5.36 亿 $m^3$;陕北地下水资源量为 26.51 亿 $m^3$,平原区地下水资源量为 17.01 亿 $m^3$,山丘区地下水资源量为 10.58 亿 $m^3$,重复量为 1.07 亿 $m^3$;陕南地下水资源量为 72.37 亿 $m^3$,平原区地下水资源量为 6.65 亿 $m^3$,山丘区地下水资源量为 67.23 亿 $m^3$,重复量为 1.52 亿 $m^3$。陕西省各行政区多年平均地下水资源量见图 2-7,陕西省多年平均地下水资源量模数分区(2001—2016 年)见图 2-8,陕西省各分区多年平均地下水资源量汇总见表 2-6,陕西省多年平均地下水资源量模数分区(2001—2016 年)见图 2-9。

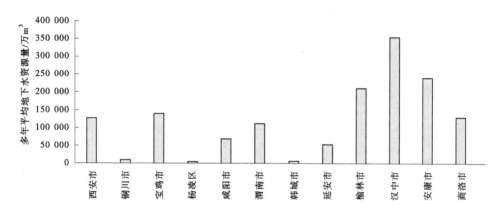

**图 2-7 陕西省各行政区多年平均地下水资源量**

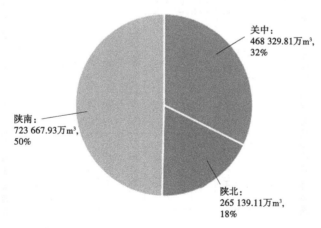

**图 2-8 陕西省各片区多年平均地下水资源量**

表2-6 陕西省各分区多年平均地下水资源量统计

| 行政区 | 分区面积/km² | 山丘区 | | 平原区 | | | 重复量/万m³ | 总水资源量/万m³ |
|---|---|---|---|---|---|---|---|---|
| | | 计算面积/km² | 水资源量/万m³ | 分区面积/km² | 计算面积/km² | 水资源量/万m³ | | |
| 西安市 | 10 106 | 5 236 | 46 678.69 | 4 870 | 4 230.83 | 105 298.78 | 24 031.43 | 127 946.04 |
| 铜川市 | 3 881 | 3 739 | 9 570.48 | 142 | 127.8 | 862.10 | 135.77 | 10 296.81 |
| 宝鸡市 | 18 120 | 15 022 | 90 096.16 | 3 098 | 2 796.1 | 73 063.06 | 22 926.56 | 140 232.7 |
| 杨凌区 | 135 | 0 | 0 | 135 | 121.10 | 1 570.32 | 34.05 | 1 536.27 |
| 咸阳市 | 10 190 | 6 586 | 26 699.41 | 3 604 | 3 240.52 | 43 590.41 | 515.87 | 69 773.93 |
| 渭南市 | 11 437 | 2 270 | 16 950.53 | 9 167 | 8 288.1 | 101 243 | 5 976.21 | 112 217.3 |
| 韩城市 | 1 558.2 | 1 218 | 4 098.51 | 378 | 340.20 | 2 228.25 | 0 | 6 326.76 |
| 关中 | 55 465 | 34 071 | 194 093.78 | 21 394 | 19 144.65 | 327 855.92 | 53 619.89 | 468 329.81 |
| 延安市 | 37 032 | 37 032 | 53 096.94 | | | | | 53 096.94 |
| 榆林市 | 42 923 | 30 018 | 52 654.86 | 12 905 | 11 876.3 | 170 077.67 | 10 690.37 | 212 042.17 |
| 陕北 | 78 926.3 | 67 050 | 105 751.8 | 12 905 | 11 876.3 | 170 077.67 | 10 690.37 | 265 139.11 |
| 汉中市 | 26 980.3 | 25 483 | 302 846.24 | 1 610 | 1 497.3 | 66 507.46 | 15 171.5 | 354 182.19 |
| 安康市 | 23 535 | 23 535 | 239 811.89 | | | | | 239 811.89 |
| 商洛市 | 19 581 | 19 581 | 129 673.85 | | | | | 129 673.85 |
| 陕南 | 70 209 | 68 599 | 672 331.98 | 1 610 | 1 497.3 | 66 507.46 | 15 171.5 | 723 667.93 |
| 陕西省 | 205 629 | 169 720.00 | 972 177.56 | 35 909.00 | 32 518.25 | 564 441.02 | 79 481.75 | 1 457 136.83 |
| 西咸新区 | 882 | 0 | 0 | 882 | 740.18 | 11 763.78 | 626.96 | 11 136.81 |

注：表中陕西省数据含西咸新区。

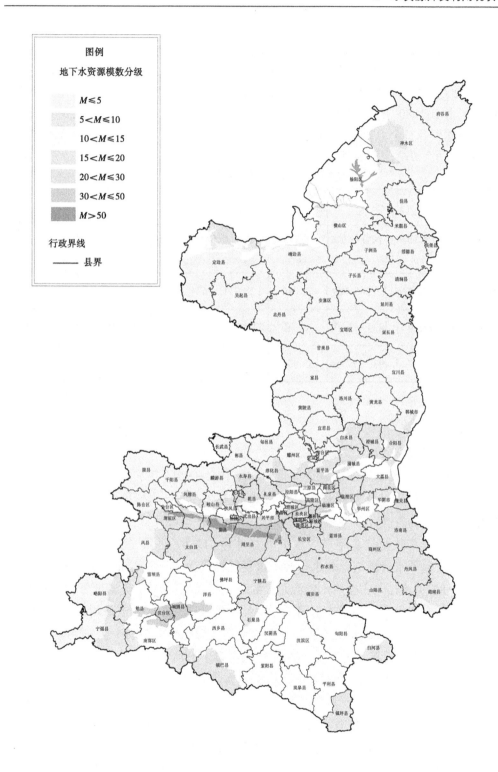

图 2-9 陕西省多年平均地下水资源量模数分区 (2001—2016 年)

#### 2.1.3.2 变化趋势

1956—1979 年、1980—2000 年、2001—2016 年陕西省地下水资源量变化情况见表 2-7。由表 2-7 可以看出,平原区水资源量 1980—2000 年系列相比其余两次稍低,是因为 1996—2000 年属黄河流域枯水期,使得该时段平原区的降水入渗和地表水体的补给量大幅减少,并且 1980—2000 年长江流域平原区采用的是南方片区的算法,缺少一些补给项,但地下水资源整个 1956—2016 年的系列较为稳定,变幅不大。山丘区的地下水资源量主要依靠基流切割,因此其变化趋势分析参照地表水的变化原因分析。

表 2-7 陕西省地下水资源量变化趋势

| 系列年份 | 山丘区 | | 平原区 | | | 重复量/<br>亿 m³ | 总水资源量/<br>亿 m³ |
|---|---|---|---|---|---|---|---|
| | 计算面积/<br>km² | 水资源量/<br>亿 m³ | 分区面积/<br>km² | 计算面积/<br>km² | 水资源量/<br>亿 m³ | | |
| 1956—1979 | 172 526 | 1 245 400 | 33 040 | 28 911 | 534 701.60 | 79 700.00 | 1 700 401.6 |
| 1980—2000 | 168 963 | 879 405.01 | 36 640 | 34 879.50 | 525 431.58 | 70 274.99 | 1 334 561.61 |
| 2001—2016 | 169 720 | 972 177.56 | 35 909 | 32 518.25 | 564 440.96 | 79 481.75 | 1 457 136.77 |

### 2.1.4 水资源总量

#### 2.1.4.1 水资源量

根据《陕西省水资源第三次调查评价》成果,1956—2016 年和 1980—2016 年陕西省多年平均水资源总量以及不同频率(20%、50%、75%、95%)水资源总量成果见表 2-8、表 2-9,图 2-10~图 2-12。

1956—2016 年陕西省多年平均水资源总量为 419.67 亿 m³,其中地表水资源量为 384.60 亿 m³,地下水资源与地表水资源不重复计算量为 35.07 亿 m³。关中多年平均水资源总量为 82.01 亿 m³,占全省水资源总量的 19.5%,其中地表水资源量为 62.53 亿 m³,地下水资源与地表水资源不重复计算量为 19.48 亿 m³。陕北多年平均水资源总量为 41.00 亿 m³,占全省水资源总量的 9.8%,其中地表水资源量为 30.64 亿 m³,地下水资源与地表水资源不重复计算量为 10.35 亿 m³。陕南多年平均水资源总量为 296.67 亿 m³,占全省水资源总量的 70.7%,其中地表水资源量为 291.43 亿 m³,地下水资源与地表水资源不重复计算量为 5.24 亿 m³。

1980—2016 年陕西省多年平均水资源总量为 403.92 亿 m³,其中地表水资源量为 369.62 亿 m³,地下水资源与地表水资源不重复计算量为 34.29 亿 m³。关中多年平均水资源总量为 79.30 亿 m³,占全省水资源总量的 19.7%,其中地表水资源量为 60.35 亿 m³,地下水资源与地表水资源不重复计算量为18.95亿m³。陕北多年平均水资源总量为

表2-8　陕西省市级行政分区水资源总量成果（1956—2016年）

| 市级行政分区 | 计算面积/km² | 多年平均降水量 | | 多年平均地表水资源量 | | 地下水资源与地表水资源不重复量/万m³ | 多年平均水资源总量 | | 单位面积水资源量/（万m³/km²） |
|---|---|---|---|---|---|---|---|---|---|
| | | 降水深/mm | 降水量/万m³ | 径流深/mm | 径流量/万m³ | | 总量/万m³ | 占全省/% | |
| 西安市 | 9 873 | 741.5 | 732 049 | 190.9 | 188 484 | 44 815 | 233 299 | 5.5 | 23.6 |
| 铜川市 | 3 881 | 586.4 | 227 594 | 49.9 | 19 347 | 3 338 | 22 685 | 0.5 | 5.8 |
| 宝鸡市 | 18 120 | 681.1 | 1 234 179 | 167.3 | 303 165 | 45 235 | 348 400 | 8.3 | 19.2 |
| 咸阳市 | 9 541 | 559.4 | 533 703 | 40.3 | 38 460 | 37 574 | 76 034 | 1.8 | 8 |
| 杨凌区 | 135 | 461 | 6 223 | 37.4 | 505 | 1 173 | 1 678 | 0.1 | 12.4 |
| 西咸新区 | 882 | 561.4 | 49 513 | 38.7 | 3 417 | 3 614 | 7 031 | 0.2 | 8 |
| 渭南市 | 11 437 | 586.2 | 670 381 | 56.6 | 64 723 | 55 622 | 120 345 | 2.9 | 10.5 |
| 韩城市 | 1 596 | 606.7 | 96 834 | 45.0 | 7 185 | 3 471 | 10 656 | 0.2 | 6.7 |
| 关中 | 55 465 | 640.1 | 3 550 476 | 112.7 | 625 286 | 194 842 | 820 128 | 19.5 | 14.8 |
| 延安市 | 37 032 | 512.2 | 1 896 730 | 35.2 | 130 471 | 5 166 | 135 637 | 3.2 | 3.7 |
| 榆林市 | 42 923 | 410.6 | 1 762 557 | 41.0 | 175 970 | 98 347 | 274 317 | 6.6 | 6.4 |
| 陕北 | 79 955 | 457.7 | 3 659 287 | 38.3 | 306 441 | 103 513 | 409 954 | 9.8 | 5.1 |
| 汉中市 | 27 093 | 974.9 | 2 641 278 | 537.9 | 1 457 269 | 41 901 | 1 499 170 | 35.7 | 55.3 |
| 安康市 | 23 535 | 906.3 | 2 133 085 | 421.5 | 991 897 | 3 280 | 995 177 | 23.7 | 42.3 |
| 商洛市 | 19 581 | 774.7 | 1 516 981 | 237.5 | 465 110 | 7 181 | 472 291 | 11.3 | 24.1 |
| 陕南 | 70 209 | 896.1 | 6 291 344 | 415.1 | 2 914 276 | 52 362 | 2 966 638 | 70.7 | 42.3 |
| 合计 | 205 629 | 656.6 | 13 501 107 | 187.0 | 3 846 003 | 350 717 | 4 196 720 | 100.0 | 20.4 |

表 2-9 陕西省市级行政分区水资源总量成果(1980—2016 年)

| 市级行政分区 | 计算面积/km² | 多年平均降水量 | | 多年平均地表水资源量 | | 地下水资源与地表水资源不重复量/万m³ | 多年平均水资源总量 | | 单位面积水资源量/(万m³/km²) |
| --- | --- | --- | --- | --- | --- | --- | --- | --- | --- |
| | | 降水深/mm | 降水量/万m³ | 径流深/mm | 径流量/万m³ | | 总量/万m³ | 占全省/% | |
| 西安市 | 9 873 | 736.9 | 727 567 | 190.2 | 187 761 | 44 287 | 232 048 | 5.7 | 23.5 |
| 铜川市 | 3 881 | 582.4 | 226 016 | 49.9 | 19 367 | 3 279 | 22 646 | 0.6 | 5.8 |
| 宝鸡市 | 18 120 | 673.5 | 1 220 396 | 157.4 | 285 229 | 43 768 | 328 997 | 8.2 | 18.2 |
| 咸阳市 | 9 541 | 556.5 | 530 960 | 39.7 | 37 910 | 36 387 | 74 297 | 1.8 | 7.8 |
| 杨凌区 | 135 | 438.9 | 5 925 | 32.6 | 440 | 1 130 | 1 570 | 0.1 | 11.6 |
| 西咸新区 | 882 | 555.3 | 48 975 | 41.6 | 3 665 | 3 520 | 7 185 | 0.2 | 8.1 |
| 渭南市 | 11 437 | 567.7 | 649 268 | 54.9 | 62 758 | 53 744 | 116 502 | 2.9 | 10.2 |
| 韩城市 | 1 596 | 602.8 | 96 204 | 39.9 | 6 371 | 3 358 | 9 729 | 0.2 | 6.1 |
| 关中 | 55 465 | 632.0 | 3 505 311 | 108.8 | 603 501 | 189 473 | 792 974 | 19.7 | 14.3 |
| 延安市 | 37 032 | 502.7 | 1 861 657 | 32.5 | 120 288 | 4 980 | 125 268 | 3.1 | 3.4 |
| 榆林市 | 42 923 | 404.7 | 1 737 021 | 38.1 | 163 631 | 95 666 | 259 297 | 6.4 | 6.0 |
| 陕北 | 79 955 | 450.1 | 3 598 678 | 35.5 | 283 919 | 100 646 | 384 565 | 9.5 | 4.8 |
| 汉中市 | 27 093 | 989.6 | 2 681 094 | 533.5 | 1 445 518 | 42 322 | 1 487 840 | 36.8 | 54.9 |
| 安康市 | 23 535 | 933.7 | 2 197 370 | 392.1 | 922 789 | 3 341 | 926 130 | 22.9 | 39.4 |
| 商洛市 | 19 581 | 776.9 | 1 521 247 | 225.0 | 440 496 | 7 151 | 447 647 | 11.1 | 22.9 |
| 陕南 | 70 209 | 911.5 | 6 399 711 | 400.1 | 2 808 803 | 52 814 | 2 861 617 | 70.8 | 40.8 |
| 合计 | 205 629 | 656.7 | 13 503 700 | 179.8 | 3 696 223 | 342 933 | 4 039 156 | 100 | 19.6 |

38.46 亿 $m^3$,占全省水资源总量的 9.5%,其中地表水资源量为 28.39 亿 $m^3$,地下水资源与地表水资源不重复计算量为 10.06 亿 $m^3$。陕南多年平均水资源总量为 286.16 亿 $m^3$,占全省水资源总量的 70.8%,其中地表水资源量为 280.88 亿 $m^3$,地下水资源与地表水资源不重复计算量为 5.28 亿 $m^3$。

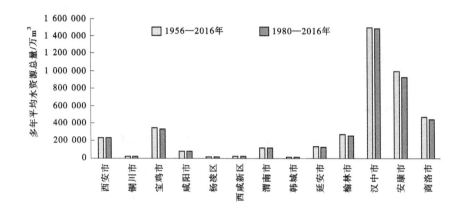

图 2-10　陕西省各行政区多年平均水资源总量

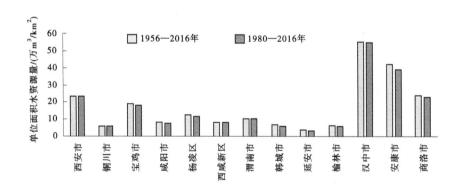

图 2-11　陕西省各行政区单位面积水资源量

### 2.1.4.2　变化趋势

分析绘制陕西省 1956—2016 年共 61 年水资源总量变化趋势(见图 2-13),可以得出,陕西省 61 年来,水资源总量变化波动较大,整体呈减少趋势。从行政区看,关中地区 61 年来,水资源总量变化波动较大,整体呈减少趋势;陕北地区 61 年来,水资源总量变化波动较大,整体呈减少趋势;陕南地区 61 年来,水资源总量变化波动较大,整体呈减少趋势。陕西省 1956—2016 年共 61 年水资源总量南多北少,地带性差异更明显,空间分布极不均匀。

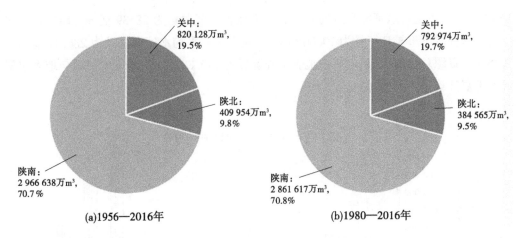

图 2-12    陕西省各片区多年平均水资源总量

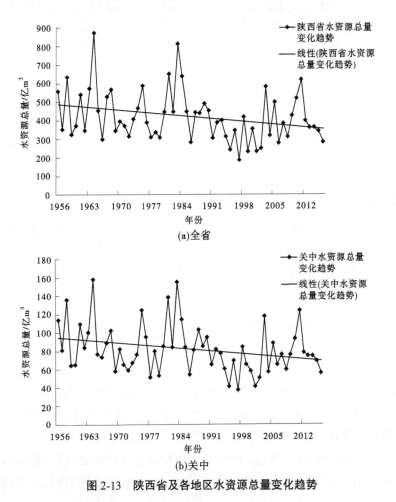

图 2-13    陕西省及各地区水资源总量变化趋势

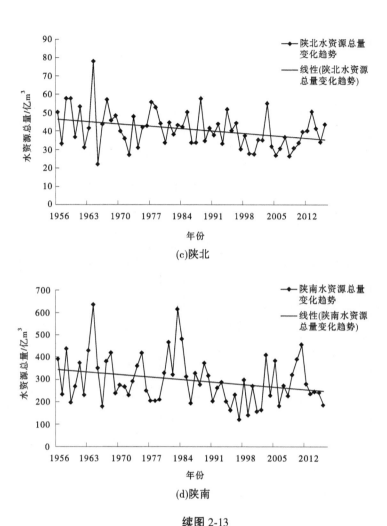

(c)陕北

(d)陕南

续图 2-13

## 2.2 水利工程现状

### 2.2.1 蓄水工程

截至 2020 年底,陕西省共有水库 1 108 座,总库容 97.16 亿 m³,总供水能力 29.52 亿 m³。其中大(1)型水库 1 座,库容 25.85 亿 m³;大(2)型水库 12 座,库容 29.66 亿 m³,大型水库总供水能力 7.61 亿 m³;中型水库 81 座,库容 29.54 亿 m³,总供水能力 11.70 亿 m³;小(1)型水库 291 座,库容 9.41 亿 m³;小(2)型水库 723 座,库容 2.70 亿 m³,小型水库总供水能力 10.21 亿 m³。此外,全省还建有 10 211 座塘坝,290 005 座窖池,塘坝和窖池总供水能力 2.50 亿 m³。陕西省蓄水工程数量统计见表 2-10。

表2-10 陕西省蓄水工程数量统计

单位：万 m³

| 行政区划 | 水库数量/座 按规模分 | | | | | | 水库库容/亿 m³ 按规模分 | | | | | | 塘坝数量/座 | 窖池数量/座 |
|---|---|---|---|---|---|---|---|---|---|---|---|---|---|---|
| | 合计 | 大(1)型 | 大(2)型 | 中型 | 小(1)型 | 小(2)型 | 合计 | 大(1)型 | 大(2)型 | 中型 | 小(1)型 | 小(2)型 | | |
| 西安市 | 91 | 0 | 1 | 2 | 28 | 60 | 3.79 | 0 | 2 | 0.68 | 0.9 | 0.21 | 85 | 415 |
| 宝鸡市 | 106 | 0 | 2 | 6 | 36 | 62 | 9.18 | 0 | 5.74 | 2.3 | 0.92 | 0.22 | 306 | 9 427 |
| 咸阳市 | 72 | 0 | 1 | 8 | 34 | 29 | 5.14 | 0 | 1.2 | 2.58 | 1.21 | 0.15 | 25 | 3 389 |
| 铜川市 | 31 | 0 | 0 | 3 | 8 | 20 | 1.15 | 0 | 0 | 0.82 | 0.26 | 0.07 | 15 | 1 829 |
| 渭南市 | 103 | 0 | 0 | 5 | 31 | 67 | 2.67 | 0 | 0 | 1.41 | 0.99 | 0.27 | 57 | 55 199 |
| 杨凌区 | | 0 | 0 | 0 | 0 | 0 | 0 | 0 | 0 | 0 | 0 | 0 | 0 | 0 |
| 韩城市 | 11 | 0 | 0 | 1 | 3 | 7 | 0.66 | 0 | 0 | 0.44 | 0.18 | 0.04 | 13 | 11 263 |
| 西咸新区 | 2 | 0 | 0 | 0 | 2 | 0 | 0.03 | 0 | 0 | 0 | 0 | 0 | 0 | 0 |
| 关中 | 416 | 0 | 4 | 25 | 142 | 245 | 22.62 | 0 | 8.94 | 8.23 | 4.46 | 0.96 | 501 | 81 522 |
| 延安市 | 40 | 0 | 2 | 8 | 22 | 8 | 7.6 | 0 | 4.04 | 2.86 | 0.70 | 0.04 | 115 | 490 |
| 榆林市 | 92 | 0 | 1 | 26 | 33 | 32 | 17.10 | 0 | 3.89 | 11.56 | 1.37 | 0.29 | 213 | 125 784 |
| 陕北 | 132 | 0 | 3 | 34 | 55 | 40 | 24.7 | 0 | 7.93 | 14.42 | 2.07 | 0.33 | 328 | 126 274 |
| 汉中市 | 356 | 0 | 1 | 10 | 54 | 291 | 7.15 | 0 | 1.1 | 3.40 | 1.66 | 0.99 | 6 049 | 1 237 |
| 安康市 | 152 | 1 | 4 | 10 | 26 | 111 | 41.23 | 25.85 | 11.7 | 2.59 | 0.79 | 0.31 | 3 039 | 74 069 |
| 商洛市 | 52 | 0 | 0 | 2 | 14 | 36 | 1.43 | 0 | 0 | 0.91 | 0.41 | 0.11 | 294 | 6 903 |
| 陕南 | 560 | 1 | 5 | 22 | 94 | 438 | 49.81 | 25.85 | 12.8 | 6.9 | 2.86 | 1.41 | 9 382 | 82 209 |
| 全省 | 1 108 | 1 | 12 | 81 | 291 | 723 | 97.16 | 25.85 | 29.66 | 29.54 | 9.41 | 2.70 | 10 211 | 290 005 |

从蓄水工程地区分布看，汉中市蓄水工程最多，共有 356 座水库、6 049 座塘坝、1 237 座窖池；安康市次之，共有 152 座水库、3 039 座塘坝、74 069 座窖池；宝鸡、渭南、西安、榆林市的水库数量相当，均在 100 座左右。宝鸡有 306 座塘坝，数量是四个地市中最多的，榆林有 125 789 座窖池，数量远远多于西安、宝鸡、渭南。咸阳、商洛、延安、铜川、韩城和西咸新区蓄水工程数量均较少，其中咸阳市共有水库 72 座，商洛市共有水库 52 座，延安市共有水库 40 座，铜川市共有水库 31 座，韩城市共有水库 11 座，西咸新区共有水库 2 座，杨凌区没有蓄水工程。

## 2.2.2  引水工程

截至 2020 年底，陕西省共有引水闸工程 609 座，总供水能力 29.14 亿 m³。按功能分，有河湖引水闸 338 座，水库引水闸 265 座。按水闸类型分，有分洪闸 42 座、节制闸 147 座、排水闸 112 座、引水闸 131 座。按规模分，有大（1）型 1 座，位于宝鸡市；大（2）型 1 座，位于咸阳市；中型 12 座，西安市和咸阳市各 1 座，渭南市和汉中市各 5 座；小（1）型 102 座，宝鸡市、渭南市、汉中市数量较多，分别有 30 座、28 座、26 座；小（2）型 493 座，宝鸡市、渭南市、汉中市数量较多，分别有 134 座、94 座、93 座。

从引水闸地区分布看，宝鸡市、渭南市、汉中市水闸工程总数量较多，分别有 165 座、126 座、125 座。咸阳市、韩城市、安康市、西安市、商洛市水闸工程总数量居中，分别有 67 座、39 座、31 座、22 座、20 座。西咸新区、铜川市、延安市、榆林市、杨凌区水闸工程总数量较少，分别有 6 座、2 座、2 座、2 座、2 座。

## 2.2.3  提水工程

截至 2020 年底，全省大小泵站取水工程共计 3 488 处，总供水能力 15.07 亿 m³。按功能位置分，河湖取水泵站有 2 439 座，水库取水泵站有 970 座。按规模分，有大（1）型泵站 3 处；大（2）型泵站 5 处，均位于渭南市；中型泵站 63 处，其中 42 座位于渭南市；小（1）型泵站 573 处，其中 232 座位于渭南市；小（2）型泵站 2 844 处，咸阳市和渭南市数量最多。

从泵站工程地区分布看，咸阳市、宝鸡市、渭南市的泵站数量居全省前列，分别有 837 座、790 座、566 座。安康市、铜川市、韩城市泵站数量也较多，分别有 320 座、286 座、243 座。汉中市、榆林市、西安市泵站数量次之，分别有 160 座、112 座、95 座。商洛市、延安市、西咸新区和杨凌区的泵站数量均不足 50 处，杨凌区仅有 2 处。

## 2.2.4  机电井

截至 2020 年底，全省共有机电井 632 247 眼，总供水能力 40.66 亿 m³。规模以上机电井 155 152 眼。其中，取用浅层地下水机电井 105 358 眼，取用深层承压水机电井 49 794 眼。规模以下机电井 477 095 眼，其中取用浅层地下水机电井 472 764 眼，取用深层承压水机电井 4 331 眼。

从机电井工程地区分布看,榆林市、西安市、咸阳市机电井数量最多,分别有 177 042 眼、126 598 眼、94 225 眼。宝鸡市、延安市、渭南市机电井数量相对较多,分别有 61 557 眼、48 078 眼、44 542 眼。汉中市、商洛市、安康市、西咸新区机电井数量较少,分别有 27 935 眼、19 350 眼、14 472 眼、13 762 眼。韩城市、杨凌区、铜川市机电井数量最少,分别有 3 726 眼、547 眼、413 眼。

## 2.2.5 非常规水资源利用工程

根据《陕西省水利统计年鉴》,结合各地市调研成果,截至 2020 年底,全省非常规水资源利用工程供水能力共 86 764 万 $m^3$。从非常规水资源利用工程地区分布看,关中远高于其他地区,工程总供水能力为 57 048 万 $m^3$,陕北非常规水资源利用工程供水能力为 28 955 万 $m^3$,陕南非常规水资源利用工程供水能力为 761 万 $m^3$。2020 年各片区非常规水资源利用工程年供水能力对比见图 2-14。

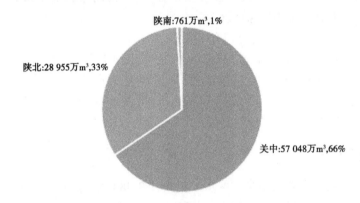

陕南:761万$m^3$,1%

陕北:28 955万$m^3$,33%

关中:57 048万$m^3$,66%

图 2-14 2020 年陕西省各片区非常规水资源利用工程供水能力统计

从利用类型看,再生水利用、雨水集蓄利用、微咸水利用、矿井水利用工程能力分别为 52 410 万 $m^3$、4 006 万 $m^3$、2 530 万 $m^3$、27 817 万 $m^3$,其中再生水、雨水、微咸水、矿井水利用工程能力分别占所有非常规水源利用工程的 60%、5%、3%、32%。

从地区分布看,关中地区再生水利用、雨水集蓄利用、微咸水利用、矿井水利用工程能力分别为 49 950 万 $m^3$、3 096 万 $m^3$、1 712 万 $m^3$、2 289 万 $m^3$,再生水和雨水利用工程能力远高于省内其他地区。陕北地区再生水利用、雨水集蓄利用、微咸水利用、矿井水利用工程能力分别为 2 167 万 $m^3$、754 万 $m^3$、818 万 $m^3$、25 216 万 $m^3$,矿井水利用工程能力远高于陕西省内其他地区。陕南地区再生水利用、雨水集蓄利用、矿井水利用工程能力分别为 293 万 $m^3$、156 万 $m^3$、312 万 $m^3$。2020 年陕西省及各片区非常规水资源利用各类工程能力对比见图 2-15。

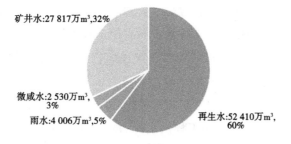

(a)全省

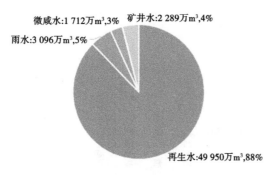

(b)关中地区

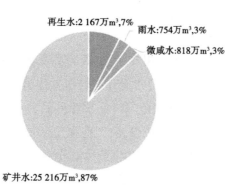

(c)陕北地区

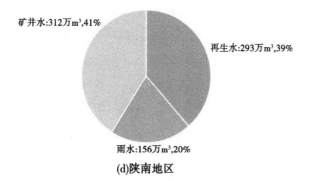

(d)陕南地区

图 2-15    2020 年陕西省及各地区各类非常规水资源利用工程能力统计

从各个行政区对比来看,西安市非常规水资源利用工程供水能力最大,为 33 281 万 m³,占全省的 38%;其次是榆林市,非常规水资源利用工程供水能力为 28 205 万 m³,占全省的 33%;渭南市、咸阳市、铜川市和宝鸡市非常规水资源利用工程供水能力相对较大,分别为 6 899 万 m³、6 429 万 m³、4 118 万 m³、2 647 万 m³;西咸新区和韩城市非常规水资源利用工程供水能力相对较小,分别为 1 700 万 m³ 和 1 616 万 m³;安康市、商洛市、汉中市、延安市、杨凌区非常规水资源利用工程供水能力均小于 1 000 万 m³,均占全省的不到 1%。2020 年各行政区非常规水资源利用工程年供水能力统计见图 2-16。

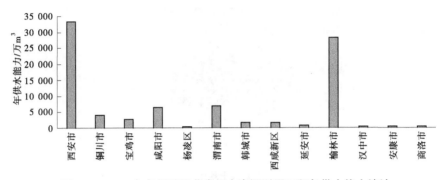

图 2-16　2020 年各行政区非常规水资源利用工程年供水能力统计

#### 2.2.5.1　再生水利用工程

近年来,陕西持续加大再生水利用效能,水资源重复利用水平不断提高,以再生水利用为代表的水资源可持续发展水平不断提升。陕西省住房和城乡建设厅(简称住建厅)于 2016 年发布了《陕西省再生水利用方案(征求意见稿)》,要求不断加强再生水综合利用,陕北和关中地区要完善再生水利用设施,工业聚集区要敷设再生水利用管网,工业生产、城市杂用水以及生态景观等须优先使用再生水,全省范围开展公共建筑安装中水设施的示范推广,积极推行低影响开发建设模式。

2020 年,陕西全省污水处理总量为 119 843 万 m³,再生水利用率达到 22.78%。从用途上看,主要用于城市杂用、工业、景观环境、绿地灌溉及农业灌溉。西安市再生水利用量居陕西全省第一。目前,西安市共有 25 座污水处理厂,其中有 24 座可做二、三级处理,污水管道达 3 080.57 km,污水日处理能力达 236.8 万 m³,全年共处理污水 74 971 万 m³,再生水利用率达到 26.5%,再生水的用途按照利用量从多到少的顺序依次为:景观环境、工业、城市杂用、绿地灌溉、农业灌溉,分别占总利用量的 70.76%、11.96%、8.12%、8.04% 和 1.11%。

截至 2020 年底,全省再生水利用工程供水能力为 52 410 万 m³。从再生水利用工程地区分布看,关中远高于其他地区,工程总能力为 49 950 万 m³,占所有再生水利用工程的 95.31%;陕北为 2 167 万 m³,占所有再生水利用工程的 4.13%;陕南为 293 万 m³。

从各个行政区对比来看,西安市再生水利用工程供水能力最大,为 33 052 万 m³,占全省的 63.06%;其次是咸阳市、铜川市、渭南市,再生水利用工程供水能力相对较大,分别为 5 110 万 m³、3 869 万 m³、2 774 万 m³;榆林市、西咸新区、宝鸡市和韩城市再生水利用工程供水能力相对较小,分别为 1 707 万 m³、1 700 万 m³、1 609 万 m³ 和 1 500 万 m³;延安市、杨凌区和陕南三市再生水利用工程供水能力均不足 500 万 m³。2020 年各行政区再生水利用工程供水能力对比见图 2-17。

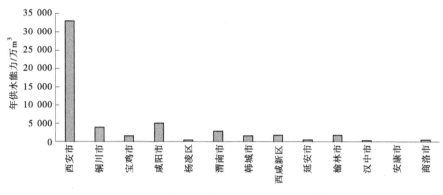

**图 2-17　2020 年各行政区再生水利用工程年供水能力统计**

#### 2.2.5.2　雨水利用工程

雨水在城市区域一般应用于海绵城市,陕西省内代表性的雨水利用工程有陕西西安小寨海绵城市改造雨水综合利用项目及全国首批"海绵城市"建设试点区域西咸新区海绵建设项目。截至 2020 年 7 月,西咸新区沣西新城建成海绵型园区 320 万 m²、海绵型道路 80 余 km,城市管网排水能力显著提升,地下水位上升 3.43 m。

陕西省制定了"南塘、北窖、关中井"的水利发展战略,在广大农村地区积极发展集雨节灌工程,利用当地地形条件,修建集雨蓄水工程,使天然降水的利用率由原来的不足 30% 提高到 70%,补灌水的利用率达到 90%,取得了显著成效及经济效益、社会效益、生态效益。截至 1999 年底,陕西省共建水窖 7.939 万眼,新增蓄水容量 398.5 万 m³,新增灌溉面积 24 万亩。2000 年前后,陕北地区共发展水窖近 8 万眼,新增蓄水量近 400 万 m³,发展集雨节灌面积 24 万亩。延安市发展的集雨节灌工程蓄水量达到 121 万 m³,集雨节灌面积 2.7 万亩,并解决了部分塬区和山区 5 000 人的饮水问题,农民收入平均年增长 20%。

此外,为缓解水资源紧缺问题,2019 年西安市在陕西省率先启动了总库容 1 150 万 m³,以雨水利用为主要目的的冯家湾水库可行性研究报告编制工作。该项目通过在灞河支流道沟峪峪口新建冯家湾水库,拦蓄道沟峪汛期雨水,在非汛期向灞河下游补水,在实现雨水资源化利用的同时,尽量满足灞河下游的生态用水。

截至 2020 年底,全省雨水集蓄利用工程供水能力为 4 006 万 m³。从雨水资源利用工程地区分布看,关中、陕北、陕南地区雨水集蓄利用工程总能力分别为 3 096 万 m³、754 万 m³、156 万 m³,占比分别为 77%、19%、4%。

从各个行政区对比来看,渭南市雨水集蓄利用工程供水能力最大,为 1 844 万 m³,占全省的 46%;其次是榆林市和宝鸡市,雨水集蓄利用工程供水能力相对较大,分别为 680 万 m³ 和 537 万 m³;铜川市、咸阳市、西安市、安康市雨水集蓄利用工程供水能力相对较小,分别为 249 万 m³、220 万 m³、169 万 m³、108 万 m³;延安市、韩城市、汉中市、商洛市和西咸新区雨水集蓄利用工程供水能力均不足 100 万 m³。各行政区雨水集蓄利用工程供水能力对比见图 2-18。

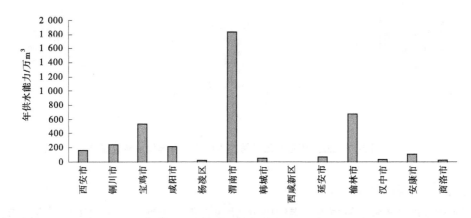

**图 2-18  2020 年各行政区雨水利用工程年供水能力统计**

### 2.2.5.3  微咸水利用工程

陕西省微咸水主要分布于陕北定边、盐滩等内流区、无定河流域,关中的咸阳至潼关北岸以及赤水至潼关南岸,大荔—固市一线以北至盐池洼、卤泊滩等地区,涉及西安、咸阳、渭南、榆林等 4 个地(市)14 个县(区),主要作为当地人民生活及小范围农业灌溉用水。

截至 2020 年,陕西省建成了 108 处微咸水改水工程,部分农村地区建设了净水站,采用反渗透膜等技术净化微咸水,基本满足人畜饮水需求。

截至 2020 年底,陕西省微咸水利用工程供水能力共 2 530 万 m³。关中地区微咸水利用工程能力为 1 712 万 m³,占全省的 68%;其余为陕北地区的 818 万 m³。从各行政区对比来看,渭南市微咸水利用工程供水能力最大,为 1 652 万 m³,占全省的 65%;其次为榆林市的 818 万 m³ 和西安市的 60 万 m³。2020 年各行政区微咸水利用工程供水能力对比见图 2-19。

### 2.2.5.4  矿井疏干水利用工程

矿井疏干水利用工程与煤矿资源分布高度重合,陕西省矿井疏干水利用工程分布于宝鸡市、咸阳市、渭南市、铜川市、榆林市及延安市等煤矿资源丰富地区。近年来,在水资源管理、环境保护等政策的要求下,全省各大煤矿基本上均建设了矿井疏干水处理工程,主要满足矿区的生产人员生活洗浴、抑尘、洗煤、灌浆等生产用水需求,剩余水量排入附近水体。

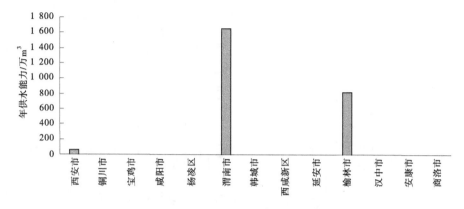

**图 2-19　2020 年各行政区微咸水利用工程年供水能力统计**

截至 2020 年,全省矿井水利用工程供水能力为 27 817 万 m³,陕北地区的矿井水利用工程供水能力为 25 216 万 m³,占全省的 91%;其次为关中地区,矿井水利用工程供水能力为 2 289 万 m³;陕南地区矿井水利用工程供水能力为 312 万 m³。

从各行政区对比来看,榆林市矿井水利用工程供水能力最大,为 25 000 万 m³,占全省的 90%;其次为咸阳市、渭南市、宝鸡市,矿井水利用工程供水能力分别为 1 099 万 m³、629 万 m³、501 万 m³。另外,韩城市、延安市和陕南三市矿井水利用工程供水能力均小于 220 万 m³。2020 年各行政区矿井水利用工程供水能力对比见图 2-20。

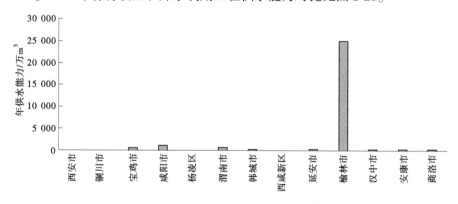

**图 2-20　2020 年各行政区矿井水利用工程年供水能力**

2020 年陕西省各类非常规水利用工程现状供水能力统计见表 2-11。

表2-11 2020年陕西省各类非常规水利用工程年供水能力统计

| 行政区 | 总供水能力 | 跨区域工程/处 | 本区域工程 | | | | | | 非常规水源/万 m³ | | | | |
|---|---|---|---|---|---|---|---|---|---|---|---|---|---|
| | | | 小计 | 水库/处 | 塘坝、窖池/处 | 河湖引水/万 m³ | 河湖取水泵站/处 | 机电井/眼 | 小计 | 再生水 | 雨水 | 微咸水 | 矿井水 |
| 西安市 | 251 495 | 4 697 | 246 798 | 66 422 | 75 | 38 523 | 4 865 | 103 632 | 33 281 | 33 052 | 169 | 60 | 0 |
| 铜川市 | 21 998 | 0 | 21 998 | 9 669 | 55 | 1 725 | 2 731 | 3 700 | 4 118 | 3 869 | 249 | 0 | 0 |
| 宝鸡市 | 128 262 | 0 | 128 262 | 55 104 | 645 | 19 448 | 4 321 | 46 097 | 2 647 | 1 609 | 537 | 0 | 501 |
| 咸阳市 | 141 836 | 0 | 141 836 | 21 108 | 3 | 40 070 | 12 615 | 61 611 | 6 429 | 5 110 | 220 | 0 | 1 099 |
| 杨凌区 | 2 636 | 0 | 2 036 | 0 | 0 | 0 | 0 | 2 278 | 358 | 336 | 0 | 0 | 0 |
| 渭南市 | 196 872 | 0 | 196 872 | 22 843 | 200 | 22 141 | 79 217 | 65 572 | 6 899 | 2 774 | 1 844 | 1 652 | 629 |
| 韩城市 | 12 748 | 0 | 12 748 | 3 429 | 82 | 320 | 672 | 6 629 | 1 616 | 1 500 | 56 | 0 | 60 |
| 西咸新区 | 42 104 | 0 | 42 104 | 2 921 | 0 | 8 562 | 4 489 | 24 432 | 1 700 | 1 700 | 0 | 0 | 0 |
| 关中 | 797 951 | 4 697 | 793 254 | 181 496 | 1 060 | 130 789 | 108 910 | 313 951 | 57 048 | 49 950 | 3 096 | 1 712 | 2 289 |
| 延安市 | 44 969 | 0 | 44 969 | 17 780 | 130 | 5 348 | 8 720 | 12 241 | 750 | 460 | 74 | 0 | 216 |
| 榆林市 | 123 870 | 420 | 123 450 | 17 999 | 1 236 | 21 936 | 12 554 | 41 520 | 28 205 | 1 707 | 680 | 818 | 25 000 |
| 陕北 | 168 839 | 420 | 168 419 | 35 779 | 1 366 | 27 284 | 21 274 | 53 761 | 28 955 | 2 167 | 754 | 818 | 25 216 |
| 汉中市 | 171 727 | 0 | 171 727 | 49 781 | 10 892 | 71 859 | 12 948 | 25 902 | 345 | 123 | 30 | 0 | 192 |
| 安康市 | 82 786 | 0 | 82 786 | 13 781 | 10 033 | 48 229 | 6 416 | 4 149 | 178 | 0 | 108 | 0 | 70 |
| 商洛市 | 39 502 | 0 | 39 502 | 14 406 | 1 642 | 13 234 | 1 132 | 8 850 | 238 | 170 | 18 | 0 | 50 |
| 陕南 | 294 015 | 0 | 299 015 | 77 968 | 22 567 | 133 322 | 20 496 | 38 901 | 761 | 293 | 156 | 0 | 312 |
| 全省 | 1 260 805 | 5 117 | 1 255 688 | 295 243 | 24 993 | 291 395 | 150 680 | 406 613 | 86 764 | 52 410 | 4 006 | 2 530 | 27 817 |

## 2.3　非常规水资源利用现状

### 2.3.1　供水量

根据《陕西省水利统计年鉴》,结合各地市调研成果,2020年陕西省非常规水源总供水量为57 697万m³,分地区来看,关中地区非常规水源供水量最大,为39 669万m³,占全省的68.8%;陕北地区次之,非常规水源总供水量为17 774万m³,占全省的30.8%;陕南地区非常规水源总供水量为254万m³,仅占全省的0.4%。陕西省各地区非常规水源供水量对比见图2-21。

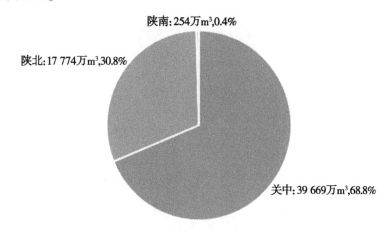

陕南:254万m³,0.4%

陕北:17 774万m³,30.8%

关中:39 669万m³,68.8%

**图2-21　陕西省各地区非常规水源供水量对比**

从非常规水源供水量组成来看,全省非常规水源中再生水利用工程供水量为37 820万m³,占非常规水源供水量的66%。矿井水利用工程供水量为16 209万m³,占非常规水源供水量的28%。微咸水利用工程供水量为2 223万m³,占非常规水源供水量的4%。雨水利用工程供水量为1 445万m³,占非常规水源供水量的2%。关中、陕北及陕南地区非常规水源供水量在组成上也有较大差别。

关中地区非常规水源供水量为39 669万m³,其中再生水供水量最大,为36 439万m³,占非常规水源供水量的92%;微咸水、矿井水和雨水利用工程供水量相对较小,分别为1 487万m³、1 009万m³和734万m³。

陕北地区非常规水源供水量为17 774万m³,其中矿井水利用工程供水量次大,为15 200万m³,占非常规水资源总量的86%;再生水利用工程供水量次大,为1 270万m³,占非常规水源供水量的7%;微咸水利用工程供水量第三,为736万m³,占非常规水源供水量的4%;剩余3%为雨水利用工程供水量,为568万m³。

陕南地区非常规水源供水量为254万m³,其中雨水利用工程供水量为143万m³,占非常规水源供水量的56%;剩余44%为再生水利用工程供水量,为111万m³。

陕西省及各地区非常规水源供水量组成见图2-22。陕西省各行政区及分区非常规水源供水基本情况统计见表2-12。

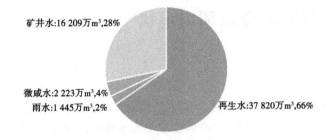

(a)全省

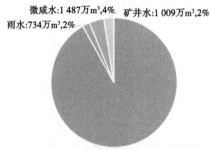

(b)关中地区

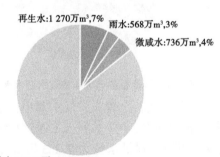

(c)陕北地区

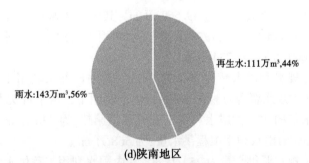

(d)陕南地区

图 2-22    陕西省及各地区非常规水源供水量组成

表 2-12　陕西省非常规水源供水基本情况统计　　　　单位:万 m³

| 行政区 | 再生水 | 雨水 | 微咸水 | 矿井水 | 合计 |
|---|---|---|---|---|---|
| 西安市 | 26 773 | 103 | 0 | 0 | 26 876 |
| 铜川市 | 434 | 224 | 0 | 0 | 658 |
| 宝鸡市 | 1 210 | 138 | 0 | 451 | 1 799 |
| 咸阳市 | 3 285 | 198 | 0 | 408 | 3 971 |
| 杨凌区 | 308 | 0 | 0 | 0 | 308 |
| 渭南市 | 2 486 | 21 | 1 487 | 16 | 4 010 |
| 韩城市 | 552 | 50 | 0 | 54 | 656 |
| 西咸新区 | 1 391 | 0 | 0 | 0 | 1 391 |
| 关中 | 36 439 | 734 | 1 487 | 1 009 | 39 669 |
| 延安市 | 309 | 67 | 0 | 0 | 376 |
| 榆林市 | 961 | 501 | 736 | 15 200 | 17 398 |
| 陕北 | 1 270 | 568 | 736 | 15 200 | 17 774 |
| 汉中市 | 111 | 30 | 0 | 0 | 141 |
| 安康市 | 0 | 97 | 0 | 0 | 97 |
| 商洛市 | 0 | 16 | 0 | 0 | 16 |
| 陕南 | 111 | 143 | 0 | 0 | 254 |
| 全省 | 37 820 | 1 445 | 2 223 | 16 209 | 57 697 |

## 2.3.2　用水量

　　根据陕西省水工程勘察规划研究院完成的 2017 年陕西省非常规水源调查评价成果及赴各地市调研情况,2020 年陕西省非常规水总用水量为 57 697 万 m³,从非常规水源用水组成来看,按用水量的大小依次为河湖湿地补水、工业用水、绿化灌溉、城市杂用、农业灌溉和农村生活用水,用水量分别为 24 151 万 m³、13 876 万 m³、8 145 万 m³、5 509 万 m³、4 223 万 m³ 和 1 793 万 m³,分别占非常规水源总用水量的 42%、24%、14%、10%、7% 和 3%。分地区来看,关中、陕北及陕南地区非常规水用水组成存在明显的差别。

　　关中地区非常规水总用水量为 39 669 万 m³,其中河湖湿地补水用水量 22 517 万 m³,占总用水量的 56.8%,是非常规水资源主要用水对象;工业用水、城市杂用和绿地灌溉是第二、三、四大用水对象,年用水量分别为 6 578 万 m³、4 436 万 m³ 和 4 092 万 m³;农业灌溉和农村生活用水量较小,共 2 047 万 m³。

　　陕北地区非常规水总用水量为 17 774 万 m³,其中工业用水量为 7 264 万 m³,占总用水量的 41%,是非常规水资源主要用水对象;绿化及农业灌溉是仅次于工业用水的第二大、第三大用水对象,年用水量分别为 4 040 万 m³、2 308 万 m³;河湖湿地补水、农村生活用水和城市杂用水量较小,分别为 1 633 万 m³、1 662 万 m³ 和 867 万 m³。

　　陕南地区非常规水总用水量为 254 万 m³,其中城市杂用水量为 207 万 m³,占总用水量的 81%,是非常规水资源主要用水对象;工业用水是第二大用水对象,年用水量为 34 万 m³;绿地灌溉用水量最小,为 14 万 m³。

　　陕西省及各地区非常规水源用水量组成见图 2-23。各行政区及分区非常规水源用水基本情况统计见表 2-13。

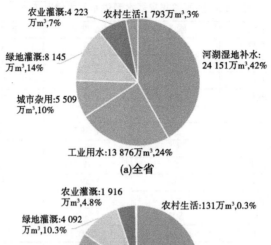

(a)全省

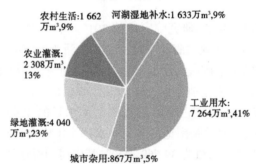

(b)关中地区

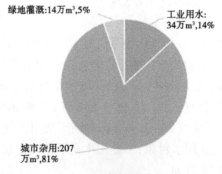

(c)陕北地区

(d)陕南地区

图 2-23  陕西省非常规水源用水量组成

表 2-13　陕西省非常规水源用水基本情况统计　　　　单位:万 m³

| 行政区 | 河湖湿地补水 | 工业用水 | 城市杂用 | 绿地灌溉 | 农业灌溉 | 农村生活 | 总计 |
|---|---|---|---|---|---|---|---|
| 西安市 | 19 017 | 3 215 | 2 162 | 2 183 | 299 | 0 | 26 876 |
| 铜川市 | 0 | 305 | 130 | 66 | 67 | 90 | 658 |
| 宝鸡市 | 74 | 949 | 256 | 377 | 102 | 41 | 1 799 |
| 咸阳市 | 1 688 | 869 | 329 | 493 | 592 | 0 | 3 971 |
| 杨凌区 | 0 | 308 | 0 | 0 | 0 | 0 | 308 |
| 渭南市 | 1 738 | 578 | 124 | 796 | 774 | 0 | 4 010 |
| 韩城市 | 0 | 354 | 44 | 177 | 81 | 0 | 656 |
| 西咸新区 | 0 | 0 | 1 391 | 0 | 0 | 0 | 1 391 |
| 关中 | 22 517 | 6 578 | 4 436 | 4 092 | 1 916 | 131 | 39 669 |
| 延安市 | 82 | 93 | 75 | 106 | 20 | 0 | 376 |
| 榆林市 | 1 551 | 7 171 | 792 | 3 934 | 2 288 | 1 662 | 17 398 |
| 陕北 | 1 633 | 7 264 | 867 | 4 040 | 2 308 | 1 662 | 17 774 |
| 汉中市 | 0 | 34 | 94 | 14 | 0 | 0 | 141 |
| 安康市 | 0 | 0 | 97 | 0 | 0 | 0 | 97 |
| 商洛市 | 0 | 0 | 16 | 0 | 0 | 0 | 16 |
| 陕南 | 0 | 34 | 207 | 14 | 0 | 0 | 254 |
| 全省 | 24 151 | 13 876 | 5 509 | 8 145 | 4 223 | 1 793 | 57 697 |

# 3 非常规水资源利用典型调查及问题识别

## 3.1 典型调查

### 3.1.1 西安市

#### 3.1.1.1 集中式再生水回用现状

目前,西安市中心已建成再生水处理设施 9 座,总处理能力 60 万 $m^3/d$,建有再生水取水点 154 个,西安市区再生水管网铺设总长度约 170.23 km,实际再生水回用水量约为 15 万 $m^3/d$。再生水用户主要集中在东郊浐灞区、西郊、高新区、城北客运站和昆明路至护城河区域,主要作为工业冷却用水、园林绿化用水、冲洒道路用水、公园湖池补水、洗车用水、水源热泵基站取热水源以及其他城市杂用水。

(1)公园湖池补水:护城河、幸福河、丰庆公园、永阳公园、木塔寨公园、唐遗址公园、浐河桃花潭公园、城运公园湖、文景公园湖、渭河运动公园、西安湖等公园湖池补给。

(2)工业用水:主要用户为西郊热电厂、大唐灞桥热电厂、渭河热电厂等单位。

(3)园林绿化、道路冲洒用水:主要用户为西安市浐灞生态园林景观有限公司、西安园林绿化管理处、西安创业水务有限公司、浐灞汽车主题公园、航空四站、城管委等单位。

(4)民用建筑小区杂用水:主要用户为东航置业、西安天朗房地产公司、枫林桦府、昆明花园、融侨置业、高科物业等房地产公司;陕西吉隆房地产开发有限公司、陕西省科技资源统筹中心、西部机场集团置业(西安)有限公司、西安旗远实业有限公司、西安锐信有限公司、西安高新区软件新城建设发展公司、西安迈科商业中心有限公司、中国航空工业集团公司西安飞行自动控制研究所、万达集团等单位。

#### 3.1.1.2 分散式再生水回用现状

(1)学校:西安思源学院、西安医学院、陕西科技大学、西安工业大学等高校自建再生水设施,日平均供用再生水水量达到 15 000 $m^3/d$ 以上。

(2)企业:青岛啤酒西安汉斯集团、西安航空发动机集团有限公司、西北工业集团有限公司北郊分公司、中国银行西北分行、百事可乐、比亚迪、开米公司、都市之门、高速集团、绿地中心、和记黄埔、金泰假日、煤炭集团等均建设有再生水回用工程。

#### 3.1.1.3 雨水利用现状

截至 2020 年 9 月,西安市财政每年安排专项资金引导扶持城市雨水利用示范项目建设,开展雨水收集利用。至今已建成示范项目 54 家(含两项科研立项项目),累计投资 8 479 万元,其中市级补贴 1 595 万元,年雨水收集利用总量 63.3 万 $m^3$,涵养了地下水资源,改善了示范区的生态环境。收集到的雨水主要用于绿化浇灌、农作物浇灌、清洗路面、景观用水、混凝土制作等领域。

#### 3.1.1.4 非常规水源利用制度建设情况

西安市高度重视非常规水资源利用,逐步完善政策体系,已出台了《西安市城市污水处理和再生水利用条例》《西安市城市雨水利用导则》《西安市实施国家节水行动方案》《全域治水碧水兴城西安市河湖水系保护治理三年行动方案(2019—2021年)》《西安市城镇污水处理提质增效三年行动实施方案(2019—2021)》《西安市城市再生水利用工作实施方案(2020—2021)》等一系列规范性文件,按照"优水优用、就近利用"的原则,鼓励在工业生产、城市绿化、道路清扫、车辆冲洗、建筑施工及生态景观等领域优先使用非常规水源,并规定新建、改建和扩建建设项目,建设单位应当配套建设中水回用设施;新建、改建和扩建的污水处理厂,应按照城市节约用水规划建设相应的城市污水处理再生利用设施;城市道路养护、园林绿化、环卫清洁、公厕、景观、消防等公共用水,应当优先使用中水和再生水。经以上一系列非常规水利用相关办法的实施,使得西安市非常规水源利用量逐年提高。

#### 3.1.1.5 非常规水源利用相关规划

近年来,西安市开展了《西安市城市雨水利用现状调查与策略研究项目》,编制了《西安市雨洪资源利用规划》,与西安理工大学合作开展的《西安市海绵城市建设理论和关键技术研究与示范》获得陕西省政府颁发的科技进步二等奖。开展的《西安市海绵城市建设规划》,以小寨、南门等区域为重点,点片结合,系统性推进海绵城市建设,创新城市发展模式,坚持因地制宜、积极探索创新,形成了系统化、可复制、可推广的建设模式。

西安市水务局组织编制了《西安市城市再生水工程专项规划》,对西安市中心城区再生水回用规模进行论证,结合各污水处理厂规模及建设用地情况,规划了西安市第一至第十二、第十六、高新区第二、经开草滩、齐王、樊川共17座再生水水厂,近期规模达到101万 m³/d,远期规模达到136万 m³/d。预计近期2025年,再生水利用率达到25%,远期2035年再生水利用率达到30%。

这些成果对西安市雨水资源及再生水开发利用进行了深入研究,准确分析了西安市雨水及再生水利用存在的问题,提出了解决方案及措施,并进行雨水利用示范项目建设及再生水水厂建设,为西安市更好地开展非常规水资源利用提供技术支撑和指导,并提供有益探索。

### 3.1.2 铜川市

#### 3.1.2.1 集中式再生水回用现状

铜川市现有生产再生水的污水处理厂3座,分别为铜川市污水处理厂、新耀污水处理厂和宜君县东方污水处理厂。

(1)铜川市污水处理厂主要负责北市区(印台区、王益区)的生活污水,设计处理能力为3万 m³/d,日均处理量为2.7万 m³/d,配套污水收集管网43.8 km。再生水用户为陕西声威建材有限责任公司及董家河工业园区部分企业,年均供给再生水利用量约为47.3万 m³。

(2)新耀污水处理厂(见图3-1)一期工程建设规模为3.0万 m³/d,深度处理及二期扩建项目建设规模为 3.0 万 $m^3/d$。目前厂内设计处理能力为 6 万 $m^3/d$,日均处理量为 3.8 万 $m^3/d$,配套污水收集管网 35.9 km。再生水用户为华能铜川照金煤电有限公司、耀州区诚鑫综合服务有限责任公司,年均供给再生水利用量为 130 万 $m^3$ 左右。

图 3-1 新耀污水处理厂

(3)宜君县东方污水处理厂日处理污水 0.20 万 $m^3/d$,再生水生产能力为 0.1 万 $m^3/d$。采用 CASS 处理工艺,经处理后的污水水质达一级 A 标准。再生水主要供给市政工程、城市绿化、市容管理、宜君县元成建筑工程有限公司及陕西环保集团建筑工程有限公司卫生及生产用水等,年均供给中水量约 7.73 万 $m^3$。

### 3.1.2.2 分散式再生水回用现状

陕西满意水泥有限责任公司生产用水全部采用循环利用,生活污水经污水处理站处理后用于绿化和道路洒水,实现零排放。生产循环系统日给水量 15 000 $m^3$,生活、绿化和浇洒道路日需水量 3 000 多 $m^3$。循环系统回水量 13 680 $m^3$。

### 3.1.2.3 雨水回用现状

(1)工业企业自用:陕西满意水泥有限责任公司利用附近道路及厂区路面作为雨水收集区域,先后建设雨水收集蓄水池(见图 3-2)和循环水池 10 座,储水量 9 万多 $m^3$,均为地下混凝土结构,共投资 1 260 万元。通过修建排水池对厂区和孙原村 1/3 的雨水进行拦截收集,按每年收集 2 次,可收集雨水近 20 万 $m^3$,主要用于厂内绿化、浇洒道路和生活用水,按 4.5 元/$m^3$ 计算,每年可节约水费 90 万元。

图 3-2 陕西满意水泥雨水收集蓄水池

（2）农村生活：铜川市实施了集雨水窖工程，经初步统计，全市现有 1.2 万眼集雨水窖，可收集雨水约 72 万 $m^3$，提高了农村群众的生活用水保障率。

（3）农业灌溉：王益区农村涝池水生态修复整治工程以集雨蓄水调剂补充的方式，作为苹果、桃子、樱桃等经济作物的有效水源，共建设生态涝池和集雨池 70 余座，总容积近 10 万 $m^3$，年可新增蓄水量 29.7 万 $m^3$。

（4）城市绿化：铜川市一中、市人民检察院、市委党校、市财政局、市税务局新区分局等单位利用有利的地形条件建设集雨池约 1 800 $m^3$，用于单位内部绿化景观浇灌。

#### 3.1.2.4 非常规水源利用制度建设情况

近年来，铜川市积极推进非常规水资源开发利用管理工作，把非常规水资源纳入水资源统一配置，先后出台了《铜川市城市节约用水管理办法》《铜川市城市非常规水管理办法》《铜川市水资源管理办法》等一系列规范性文件，鼓励新建、改建、扩建建设项目建设非常规水利用设施；鼓励单位和个人以各种方式投资建设非常规水配套设施；鼓励有条件的单位和个人开展集雨工程建设，提高集雨技术，科学开发利用雨水资源；要求工业生产、城市绿化、道路清扫、车辆冲洗、建筑施工以及生态景观等用水，应当优先使用再生水；要求新建、扩建、改建的污水处理厂，应当配套建设再生水利用设施，提高再生水利用率。通过以上一系列非常规水利用相关办法的实施，对提高铜川市非常规水资源在用水总量中的占比起到了促进作用。

## 3.1.3 宝鸡市

### 3.1.3.1 集中式再生水回用现状

近年来，宝鸡市已建成 23 座城镇污水处理厂，设计污水处理能力达 50 万 $m^3/d$，年污水处理量达 11 335 万 $m^3$，城市污水处理率达 95%。各县区污水处理厂再生水利用主要用于附近农田灌溉和生态景观、湿地公园等补水。

（1）城市杂用和工业循环：由宝鸡市中水水务有限公司运营的市区十里铺污水处理厂中水处理能力 4 万 $m^3/d$，建设中水管网 82 km，日平均对外供应中水约 1.5 万 $m^3$，年中水利用量 600 多万 $m^3$。再生水水质完全满足城市杂用水和工业循环冷却水用水的需求。主要用户为大唐宝鸡热电厂、宝鸡市行政中心、宝鸡中水新能源有限公司、市金台园林环卫管理处、市公交公司、建国饭店、人防办、广电大厦、三迪房地产公司、代家湾 B 区物业公司、千渭之会国家湿地公园、车工匠洗车行、都市人洗车行等城市杂用水用户共计 40 余户。主要用途有工业循环冷却水、城市绿化浇灌用水、冲洗车辆用水、浇洒道路用水、厕所冲洗水、建筑施工用水、景观补充用水等。

（2）农田灌溉及景观补水：凤翔区瑞盛水务有限公司处理过的再生水水质达到一级 A 标准，年可利用中水 106 万 $m^3$，占宝鸡市中水总量的 22.8%。用途一是通过东风水库灌溉系统进行农田灌溉，二是通过提水工程措施为饮凤苑及东湖南广场风景区提供生态景观补水。眉县清源污水处理厂再生水流入龙源国家湿地公园，采用湿地植物进行水质二次净化，形成自然溪流和较大湖面景观。岐山县污水处理厂再生水主要用于凤鸣湖、岐渭水利风景区生态补水。扶风县百合污水处理厂再生水流入七星河湿地公园，净化后补充景观用水。陈仓区镇污水处理厂再生水用于中水湿地景观工程生态补水。

#### 3.1.3.2 分散式再生水回用现状

（1）宝鸡华山工程车辆有限责任公司污水处理及中水回用工程处理能力 480 m³/d，再生水利用量 240 m³/d，年利用量 8 万 m³，用于厂区冲厕、绿化、洗车及道路浇洒。

（2）宝鸡卷烟厂污水处理中水回用设施处理规模 80 m³/h，年利用量达 10 万 m³，用于厂区绿化浇灌、道路浇洒、洗车、锅炉引风机冷却、锅炉冲渣、排潮井冲洗、室外清洁和异味处理等，实现废水零排放。

（3）青岛啤酒汉斯宝鸡有限公司中水回用系统年中水利用量 15 万 m³，管网覆盖全公司各个非生产用水点，绿化、厕所、车间打扫卫生全部使用中水。

#### 3.1.3.3 雨水利用现状

（1）公园景观补水：宝鸡市已建成北坡公园、渭河生态园、凤翔城墙遗址公园等 7 处较大城市雨水利用工程，主要利用汇集的部分雨水补充景观水面、绿地浇灌、洗车、道路冲洗、冲厕及一些其他生活杂用。宝鸡市区建设公园广场时，大力推广低绿地、透水地面组成地表回灌系统或建设雨水集蓄渗透设施（如建一些集雨深井、水窖等），使雨水回灌，补充地下水。

（2）企业生产及景观用水：千阳海螺水泥有限公司将雨水分别收集于厂区 5 000 m³ 和 3 000 m³ 集雨池，作为喷泉景观和厂区绿化降尘用水。太白县鳌山滑雪场将雪道雪融化水及雨水收集起来，主要用于雪道造雪，园区绿化、造林育苗等，年利用量约 40 万 m³。

（3）农村生活和农业灌溉：金台、凤翔、岐山、扶风渭北塬区"旱腰带"及麟游、凤县山区县因地制宜发展小型池塘、生态涝池和集雨水窖。共建成生态涝池、集雨水窖 17 000 多眼，蓄水容积达 71 万 m³，解决人畜饮水困难和农田灌溉问题。金台区宝陵村建成 2 座 3 000 m³ 的雨水集蓄池，结合高效节水技术利用雨水发展大棚生态设施农业，年利用雨水 2 万 m³。

#### 3.1.3.4 矿井疏干水利用现状

麟游县内 4 处煤矿目前矿井涌水利用量约 379 万 m³/a。矿井涌水借助井下排水处理站、井下水处理站、井下排水深度处理装置等，经过混凝、沉淀处理后，作为选煤厂喷雾抑尘用水、洗煤厂洗煤补水、黄泥灌浆用水、井下防尘洒水用水、瓦斯抽采循环冷却水补水、瓦斯发电循环冷却水补水、瓦斯抽采钻机用水、锅炉房补水、消防洒水、洗衣房用水以及地面生产用水。不仅可满足矿区生产生活用水，还可向周边企业日常生产供水。

#### 3.1.3.5 非常规水资源利用制度建设情况

2006 年，宝鸡市相继以市长令出台了《宝鸡市节约用水管理办法》《宝鸡市水资源管理办法》，均对非常规水利用设施建设、利用做出明确要求。2007 年，宝鸡市城乡建设规划局、发展改革委、城市建设管理局三部门联合印发了《宝鸡市建设工程项目节约用水设施管理办法》，该办法规定建设项目面积达到规定要求的，必须配套设计、建设中水系统，各类建设项目均应采取雨水利用措施。此外，宝鸡市还起草了《宝鸡市再生水管理办法》，目前仍在修改完善阶段，暂未正式出台。

#### 3.1.3.6 非常规水资源利用相关规划

宝鸡市目前尚未编制非常规水资源利用专项规划，但在其他相关规划中对非常规水资源利用提出了要求。

宝鸡市人民政府组织编制的《宝鸡市城市节约用水规划》在工业节水中指出,以大唐宝鸡热电厂城市再生水利用工程等为龙头,在50家大型企业开展节水型企业建设。宝鸡市水资源事务中心组织编制的《宝鸡市"十四五"节水规划》中规划了非常规水资源利用重点工程。宝鸡市住房和城乡建设局组织编制的《宝鸡市"十四五"住房和城乡建设事业发展规划》在"补城市短板、实施城市更新行动"中章节指出:通过海绵城市技术措施、雨水喷灌系统、绿化公园建设达到雨水源头减排,包括宝钛路河堤"海绵城市"新建城市口袋公园;滨河路十四路至三十路"海绵城市"绿化带改造及北侧水渠修建工程;龙山雅居南侧带状公园;城市荒裸地环境整治及"口袋公园"建设项目;凤翔区"口袋公园"建设;高新区绿化建设等。

## 3.1.4　咸阳市

### 3.1.4.1　集中式再生水回用现状

咸阳市城市再生水生产厂家有6家,分别为咸阳市东郊污水处理厂、兴平市污水处理厂、三原县污水处理厂、乾县污水处理厂、彬县污水处理厂、长武县污水处理厂,再生水生产能力14万 $m^3/d$。2020年,6个污水处理厂再生水供水量3 096万 $m^3$,其中农业灌溉用水量405万 $m^3$,工业用水量780万 $m^3$,环境用水量2 070万 $m^3$。

(1)工业循环:咸阳市东郊污水处理厂工程采用序批式生化法处理工艺,选用CASS设计形式,三级处理采用NCF复配混凝沉淀加过滤的工艺方法。污水处理能力20万 $m^3/d$,再生水生产能力6万 $m^3/d$,出水水质达到一级A标准,已建设20 km供水管道向大唐渭河发电有限公司供水3万 $m^3/d$。咸阳市东郊污水处理厂建成后使咸阳污水处理由不到10%提高到90%,极大地改善渭河流域的水质。兴平市污水处理厂采用较为先进的污水处理工艺A2/O,污水处理能力10万 $m^3/d$,再生水生产能力3万 $m^3/d$,水质标准达到一级A标准,主要供给延长兴化股份有限公司生产用水。长武县污水处理厂设计污水处理能力0.6万 $m^3/d$,建成后一期、二期总污水处理能力1.2万 $m^3/d$,处理后外排水质达到地表Ⅲ类,处理后全部供给大唐彬长发电公司,主要作为厂内道路冲洗用水、卫生间冲厕用水以及生产用水,再生水使用量约为10万 $t$/月。

(2)生态补水:咸阳市东郊污水处理厂再生水生产能力为6万 $m^3/d$,其中向咸阳湖供水3万 $m^3/d$。三原县污水处理厂设计污水处理能力为5万 $m^3/d$,实际处理规模达到3万 $m^3/d$,出水水质达到国家一级A标准。乾县污水处理厂污水处理能力为1.50万 $m^3/d$,出水水质达到国家一级A标准。彬县污水处理厂设计规模为3万 $m^3/d$,实际日处理规模达到1万 $m^3/d$。

### 3.1.4.2　雨水利用现状

(1)城市景观补水:咸阳市在城市建设中推广雨水集蓄回灌技术,与天然洼地、公园河湖等湿地保护相结合,使雨水通过城市绿地、可渗透地面、排水沟等渗透补充地下水,或排入城市景观湖,并建设雨水利用生态小区,取得了一定的成效,城市景观集雨用水量达102万 $m^3$。

(2)农业灌溉:咸阳市在北部丘陵沟壑区建设集雨水窖、水池、水塘等小型雨水集蓄工程,全市有农村集雨小型工程5 000余处,收集的雨水用于果园、菜田等旱作农业应急灌溉,全市 2020 年农村窖灌用水量 77 万 m³。

### 3.1.4.3 矿井疏干水利用现状

咸阳市有大型煤矿 9 家,其中彬州市 5 家,长武县 4 家,旬邑县还有 10 多家小型煤矿。2020 年,全市矿坑水利用量 1 099 万 m³,主要用途为企业生产自用。

陕西长武亭南煤业有限责任公司新扩建的矿井水处理站(见图 3-3)实际处理水量约为 1 800 m³/h,处理后的矿井水用于黄泥灌浆、井下消防降尘、工厂道路冲洗、厂区消防用水、职工宿舍办公楼卫生间冲厕,利用率约 10%,剩余矿井水达标排放至泾河。

图 3-3　陕西长武亭南煤业矿井水处理站

### 3.1.4.4 非常规水资源利用制度建设情况

2012 年咸阳市出台了《咸阳市节约用水管理办法》,2019 年出台了《咸阳市创建省级节水型城市实施方案》,2020 年出台了《咸阳市创建国家节水型城市实施方案》。根据以上制度要求,咸阳市正在加快制定建设项目配套节水设施管理办法、节约用水管理办法、水资源管理办法、地下水保护管理办法、非常规水利用管理办法、污水许可管理工作实施方案和供水、排水、用水管理办法,制定超定额累进加价和再生水利用价格指导意见等文件;进一步完善咸阳市城市节水奖惩办法,并组织实施。

### 3.1.4.5 非常规水源利用相关规划

咸阳市虽然没有编制非常规水源专项规划,但在《咸阳市水资源开发利用规划》《全国第四批节水型社会建设试点规划》《咸阳市"十二五"水资源开发利用和保护综合规划》《咸阳市"十三五"水资源开发利用专项规划》《咸阳市节水中长期规划(2018—2030)》中均有非常规水源利用的内容。咸阳市规划扩建污水处理厂规模,建设再生水回用设施,配套再生水管网,使现状年污水回用率由 23.5% 提高到 2025 年的 30%,2035 年的 45%。

## 3.1.5　杨凌农业高新技术产业示范区

2020 年杨凌农业高新技术产业示范区(简称杨凌示范区)城市非常规水资源利用量 300 万 m³,非常规水资源利用率达 22.21% 左右。回用水源主要为再生水,回用方向为主要用于陕西华电杨凌热电有限公司冷却用水。

#### 3.1.5.1  集中式再生水回用现状

(1)杨凌第一污水处理厂处理能力 2.5 万 m³/d;二期工程处理能力 4.0 万 m³/d,目前日处理能力达 6.5 万 m³/d,主要用于处理示范区的城市污水和工业废水,基本满足城区污水处理需求。经处理后的中水直接排入人工渠、漆水河,最终排入渭河。

(2)在建的第二污水处理厂,总规模近期 3.0 万 m³/d(第一阶段 1.0 万 m³/d、第二阶段 2.0 万 m³/d),远期达 5.0 万 m³/d,主要用于处理杨凌示范区西区、杨凌大道至泰陵路、博学路间部分区域及五泉镇的生活污水。

#### 3.1.5.2  分散式再生水回用现状

(1)工业企业:杨凌示范区污水处理厂处理后不低于一级 A 标准,达标排放的再生水用于陕西华电杨凌热电有限公司装机规模 2×350 MW 的热电联产、超临界间接空冷燃煤机组,处理后用于公司生产、厂区绿化及道路洒水。厂区内产生的部分工业废水经过处理回用至脱硫系统补水;一部分辅机循环冷却水补充至煤场,用于抑尘喷洒,含煤废水须沉淀处理后回用。厂区内员工的生活污水经处理后用于生产用水预处理。近三年公司的再生水用水量分别为 268.0 万 m³、283.0 万 m³、308.0 万 m³。2020 年再生水的用水率达97% 以上,基本做到无废水排放,实现了节水与环保的双赢效果。

(2)农村:目前已建和正建的农村污水处理场站共 32 处。

(3)高校:西北农林科技大学北校区浴室尾水利用项目主要是收集洗浴水和雨水,用于试验田浇灌、校园内绿化、部分学生楼冲厕等,设计规模为 400 m³/d,年可收集利用尾水约 14 万 m³。浴室改造后,年节水 21 万 m³,仅此一项可省水费 74 万元。

#### 3.1.5.3  雨水利用现状

(1)农业灌溉:杨凌示范区西片区雨水收集及调蓄工程(见图 3-4)收集的雨水主要用于周边农业灌溉。利用蓄水罐内的水进行滴灌,600 m³ 的水可满足 4 万 m² 的农业灌溉需求,灌溉退水还可以通过土壤下设管道被部分回收利用。

**图 3-4  杨凌示范区西片区雨水收集及调蓄工程**

(2)城镇生活:至 2019 年,杨凌示范区内已建成 8 家节水型居民小区。如杨凌沁园春居小区通过地下蓄水池收集雨水,经净化后用于景观喷泉和园内保洁。

#### 3.1.5.4  非常规水源利用制度建设情况

杨凌示范区近年来先后出台了《杨凌示范区供水用水管理办法》《杨凌示范区水资源

管理办法》《杨凌示范区地下水保护管理办法》《杨凌示范区排水管理办法》《杨凌示范区非常规水开发利用管理办法》《杨凌示范区城镇污水排入排水管网许可管理实施细则》《杨凌示范区城市节约用水管理办法》《杨凌示范区国家节水型城市创建工作实施方案》《黑臭水体治理攻坚战实施方案》等系列规范性文件,鼓励在工业生产、城市绿化、道路清扫、车辆冲洗、建筑施工及生态景观等领域优先使用非常规水源,并规定新建、改建和扩建项目应当配套建设中水回用设施;新建、改建和扩建的污水处理厂,应按照城市节约用水规划建设相应的城市污水处理再生利用设施;公共用水应当优先使用中水和再生水。经过以上非常规水利用管理办法的实施,使得示范区内的非常规水源利用量逐年提高。

#### 3.1.5.5 非常规水源利用相关规划

杨凌示范区目前尚未组织编制非常规水源利用专项规划,但示范区管委会组织编制的《杨凌城乡总体规划修编(2017—2035 年)》在城乡市政基础设施规划部分对十四五、十五五期间非常规水利用相关给水、污水、再生水工程进行了规划。

## 3.1.6 渭南市

#### 3.1.6.1 集中式再生水回用现状

目前,全市建成 2 个中水回用设施(渭南市中心城区),生产能力 7.6 万 t/d;在建 2 个中水回用设施,生产能力 3.6 万 m³/d;拟建 1 个中水回用设施,生产能力 6 万 t。2020 年非常规水利用量 4 047.18 万 m³,占用水总量的 3.2%;再生水利用量 1 985.23 万 m³,再生水利用率达到 18.4%。

(1)渭南中心城区东郊污水处理厂配套的中水处理设施日处理能力 6 万 t,中水输水管道 26 km,城市中水已成为中心城市园林绿化、景观补水和渭南大唐热电厂生产冷却用水的重要水源,年中水回用量 1 400 万 t。

(2)华州区中水处理厂日处理设计能力 1.6 万 t,无配套管网,一直未投入使用。

(3)华阴市污水处理有限公司再生水利用工程已建成,规划日回用能力 1.6 万 t。目前,少量再生水用于城市杂用、环卫及绿化灌溉。为更好地利用再生水,经市政府协调,由省水务集团实施的华阴市污水处理厂再生水利用秦电供水管网项目工程正在建设之中。

(4)经开区建成日处理能力 2 万 t 的再生水厂 1 座,配套再生水输水管道总长度 11 059 m。

(5)高新区计划建设 1 座处理规模为 6 万 t/d 的中水处理厂,利用已建成的高新区污水厂出水进行深度处理后由中水管网输送至用水客户。目前,《渭南高新区中水回用建设项目建议书》已获得批复。

#### 3.1.6.2 雨水利用现状

目前,渭南市雨水开发利用比较滞后。除农村修建的涝池、水窖等雨水利用设施外,成规模的雨水收集利用项目较少。截至 2020 年底,建成涝池 489 个,水窖 14 951 个,雨水利用系统设施 299 个,全年雨水利用总量 43.85 万 m³。

临渭区渭北葡萄产业园建成 400 m³ 的蓄水池 5 个、200 m³ 的雨水回收蓄水池 15 个,雨水收集管网及配套较为完善。园区使用高标准化一体化膜下滴灌技术,可将水直接浇灌到植物根系上,避免了水流向其他地方和蒸发浪费。较传统漫灌方式可节水 80%以上,水利用率可达95%,年节约用水约300万 m³,每年累计可节约水费30万元以上。

### 3.1.6.3 微咸水利用现状

按矿化度在1~24 g/L标准计算,全市微咸水资源量为2.768 7亿 m³,主要分布于临渭、蒲城、富平三县卤泊滩区,目前仅有蒲城县有少量微咸水用于农业灌溉和卤阳湖生态补水,年用水量1 389万 m³。

### 3.1.6.4 矿井疏干水利用现状

针对渭北煤矿较多、每年有大量矿井疏干水排出的实际情况,渭南市积极开展矿井水利用工作,合阳、蒲城、澄城等已建成矿井水利用工程13个,年用水量629.3万 m³。

陕西澄合百良旭升煤炭有限责任公司矿井水处理规模650 m³/h。经处理后的矿井水用于井下洒水、黄泥灌浆等,矿井水重复利用率达到了41.4%。用不完的矿井水排入红旗水库灌区,供农田灌溉,年节水量300多万 m³。

渭南市非常规水源利用统计见表3-1。

### 3.1.6.5 非常规水源利用制度建设情况

渭南市没有制定非常规水源利用法规制度,相关的政策在《渭南市中心城区节约用水办法》第四章中对城市再生水的利用有相关规定。

### 3.1.6.6 非常规水源利用相关规划

根据《渭南市"十四五"节水规划》和《渭南市"十四五"水资源开发利用规划》,计划将非常规水源纳入水资源配置并建立科学合理的管理体系,并出台《渭南市非常规水源利用管理办法》。

渭南市"十四五"期间计划实施非常规水源利用项目14个,总投资94 318万元,预计年替代水资源量2 312万 m³。其中再生水利用项目2个,总投资92 400万元,预计年替代水资源量2 104万 m³;雨水集蓄项目7个,总投资1 438万元,预计年替代水资源量126万 m³;矿井水利用项目1个,总投资480万元,预计年替代水资源量82万 m³。

## 3.1.7 延安市

### 3.1.7.1 集中式再生水回用现状

目前,延安城区中水处理能力为4.0万 m³/d,现状中水用水量约为0.5万 m³/d,利用率为12.5%。延安新区正处在发展阶段,再生水利用率低于延安城区,再生水主要用于环卫和园林绿化。延安水务环保集团成立了水环境治理有限公司,并下设以城市中水生产、经营、管道安装、维修、园林绿化、清洁服务为一体的延安市清源中水有限公司,发展了大唐热电厂、市园林处、玉禾田环境发展有限公司等用户,分别将中水应用于工业用水、城市绿化、道路清扫等方面,并正在积极拓展应用于油田注水,作为公厕、景观、湿地及消防用水等。

表 3-1　渭南市非常规水源利用统计

| 县(市、区) | 雨水利用 | | | | | | | 再生水利用 | | | | | | | 矿井水利用 | | 微咸水 | 总计/万m³ |
|---|---|---|---|---|---|---|---|---|---|---|---|---|---|---|---|---|---|---|
| | 涝池/个 | 水量/万m³ | 水窖/个 | 水量/万m³ | 集雨设施/个 | 水量/万m³ | 水量小计/万m³ | 污水处理厂/个 | 污水处理能力/(万m³/d) | 污水处理量/万m³ | 中水处理厂/个 | 中水处理能力/(万m³/d) | 再生水利用量/万m³ | 再生水利用率/% | 矿井水处理设施/个 | 矿井水利用用量/万m³ | 微咸水利用量/万m³ | |
| 临渭区 | 41 | 23.00 | 1 500 | 2.00 | 280 | 1.40 | 26.40 | 2 | 16 | 3 779.99 | 2 | 7.6 | 1 400 | | 0 | 0 | 0 | 1 426.40 |
| 高新区 | 0 | 0 | 0 | 0 | 0 | 0 | 0 | 1 | 6 | 2 155.34 | 1(拟建) | 6.0 | 0 | 22.6 | 0 | 0 | 0 | 0 |
| 经开区 | 0 | 0 | 0 | 0 | 0 | 0 | 0 | 1 | 2.5 | 253.99 | 1(在建) | 2.0 | 0 | | 0 | 0 | 0 | 0 |
| 华州区 | 12 | 0.04 | 0 | 0 | 0 | 0 | 0.04 | 2 | 4 | 674.60 | 1(未数) | 1.6 | 0 | 0 | 0 | 0 | 0 | 0.04 |
| 华阴市 | 3 | 1.68 | 0 | 0 | 2 | 0.40 | 2.08 | 1 | 2 | 712.87 | 1(在建) | 1.6 | 27 | 3.8 | 0 | 0 | 0 | 29.08 |
| 潼关县 | 0 | 0 | 0 | 0 | 4 | 0.02 | 0.02 | 1 | 0.7 | 203.44 | 0 | 0.0 | 0 | 0.0 | 5 | 16 | 0 | 16.02 |
| 富平县 | 0 | 0 | 0 | 0 | 4 | 3.15 | 3.15 | 2 | 4 | 554.30 | 0 | 0.0 | 323.41 | 58.3 | 0 | 0 | 0 | 326.56 |
| 大荔县 | 389 | 4.13 | 0 | 0 | 2 | 0.01 | 4.14 | 1 | 3 | 716.78 | 0 | 0.0 | 146 | 20.4 | 0 | 0 | 0 | 150.14 |
| 合阳县 | 0 | 0 | 0 | 0 | 0 | | 0.00 | 1 | 0.7 | 507.19 | 0 | 0.0 | 0 | 0.0 | 4 | 345 | 0 | 345.00 |
| 澄城县 | 0 | 0 | 0 | 0 | 1 | 0.01 | 0.01 | 3 | 2.45 | 392.58 | 0 | 0.0 | 37.52 | 9.6 | 2 | 260 | 0 | 297.53 |
| 蒲城县 | 28 | 0.14 | 12 221 | 0.18 | 0 | 0.28 | 0.32 | 2 | 7 | 672.16 | 0 | 0.0 | 51.3 | 7.6 | 1 | 6.1 | 1 389 | 1 446.72 |
| 白水县 | 16 | 7.18 | 1 230 | 0.246 | 6 | | 7.71 | 1 | 0.5 | 139.89 | 0 | 0.0 | 0 | 0.0 | 1 | 2 | 0 | 9.71 |
| 合计 | 489 | 36.17 | 14 951 | 2.43 | 299 | 5.27 | 43.87 | 18 | 48.85 | 10 763.13 | 2 | 7.6 | 1 985.23 | 18.4 | 13 | 629.1 | 1 389 | 4 047.2 |

（1）延安市中心城区现有城市污水处理厂（见图3-5）4座。延安水务环保集团水环境治理有限公司（原名延安市污水处理厂）处理能力为5万 m³/d，提标改造后处理规模为7万 m³/d，出水水质达到一级 A 标准，在厂内建有中水洗车点，配套污水柳树店提升泵站和东关提升泵站，泵站提升能力均为5万 m³/d；河庄坪污水处理厂处理能力为1 800 m³/d，目前满负荷运行。延安市姚店污水处理厂设计规模近期（2020年）5万 m³/d，其中一阶段（2017年）2.5万 m³/d，二阶段（2020年）达到5万 m³/d，远期（2030年）达到13万 m³/d；延安新区地下式污水处理厂于2018年开工建设，采用 A2/O+MBR 工艺，设计规模近期1.5万 m³/d，远期3万 m³/d，目前尚未投入使用。城区目前已建成污水收集管网238.16 km，收集覆盖面积37 km²。

图3-5　延安市污水处理厂

（2）安塞区现有城市污水处理厂2座。安塞第一污水处理厂平均处理污水量为0.26万 m³/d；安塞第二污水处理厂处理能力为0.5万 m³/d，远期规模1万 m³/d。近期整体提升改造后两厂处理能力达到1.3万 m³/d。

（3）延安新区北区（一期）1#中水厂（见图3-6）与1#污水厂合建，设计中水供水规模24 000 m³/d，由于目前新区污水收集量远未达到设计规模，日产中水量为6 000 m³/d，主要依靠移动洒水设施进行取水，中水仅进入少部分管道，主要用于市政道路浇洒，环卫、部分水系补给以及园林绿化灌溉，用水量较小。新区中水加压泵站设计规模1.1万 m³/d，泵站设计扬程70 m。进水来自轩辕大道中水管，加压后出水管接至志丹路中水管，目前正在建设阶段。新区中水管网除东片区为在建和规划区域路网未形成外，其余一期和大数据片区路网均已形成现状（见图3-7），配套中水管网也建设完毕。现状道路范围内，除韶街、遵义大街、公学南路、北环南路外，其余现状道路均已铺设中水管道。

### 3.1.7.2　雨水利用现状

（1）城市：目前延安新区北区延州大道以东有雨水收集池16座，蓄水池可蓄水量18万 m³。三大公园（人民公园、文化公园、鲁艺公园）现状合计可蓄水量为2.289 2万 m³。杜家沟边坡盲沟、贵人卯隧道、桥沟盲沟合计可蓄水量2.01万 m³。各大小区以及公共建筑、商业大部分也都建有雨水收集设施，收集的雨水用于绿化喷灌、道路浇洒。目前，新区

**图 3-6　延安新区 1#中水厂**

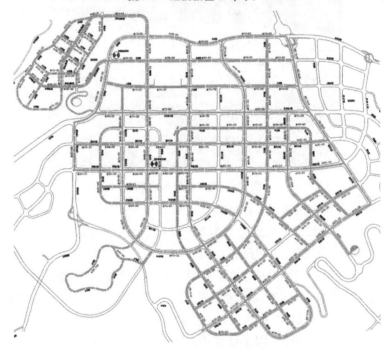

**图 3-7　延安新区中水管网现状**

北区现状道路下均有雨水管网,雨水管网下游端进入现状排水箱涵。延安新区现状雨水收集设施位置见图 3-8,延安北区雨水管网现状布置见图 3-9。

（2）农村:延安市在黄陵县隆坊街、联庄等修建了 25 座水生态修复涝池,包括隆坊街道新建 1 座,桥山街道联庄村新建 1 座,隆坊镇白村、丰乐园村等 5 村维修 5 座,桥山街道北韩村、秦家塬村等 5 村维修 6 座,阿党镇阿党村、奎张村等 10 村维修 12 座。

隆坊街涝池主要包括进水工程、池体工程、排水工程、休闲广场、灌溉循环系统、污水处理工程等。涝池设计总容积 1.47 万 $m^3$,可利用水量为 9 300 $m^3$,旱季作为群众平时灌溉用水和田间打药施肥水源。该涝池将镇区原有的污水处理有效融合,增加雨污分离、污

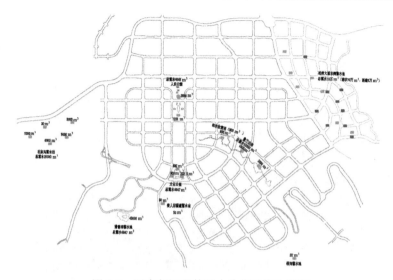

图 3-8　延安新区现状雨水收集设施位置图

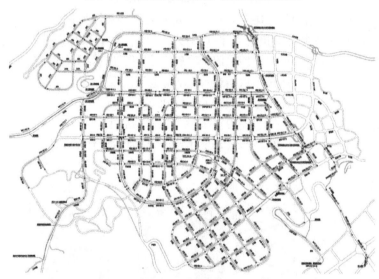

图 3-9　延安北区雨水管网现状布置

水处理功能,将处理过的污水排进荷花池,达标后进入涝池(见图 3-10)。该工程对该区域水污染防治发挥作用,同时起到了削洪滞洪拦泥和固沟保塬的作用;极大地改善了街道环境面貌,改变了村子小气候;补充了果园灌溉用水,助力附近发展苹果产业。

### 3.1.7.3　矿井疏干水利用现状

延安市规划在 2025 年以前在 6 个区县利用矿井水开展回灌和灌溉,总利用量 1 082 万 m³/a。其中吴起县利用量 360 万 m³/a,利用方向是回灌;志丹县利用量 480 万 m³/a,利用方向是回灌;安塞区利用量 20 万 m³/a,利用方向是灌溉和回灌;黄陵县利用量 126 万 m³/a,利用方向是灌溉、消防和绿化;子长县利用量 80 万 m³/a,利用方向是灌溉、消防和绿化;延川县利用量 16 万 m³/a,利用方向是灌溉、回灌。

(1)黄陵矿业 2019 年对矿井水处理站进行了升级改造,矿井水处理采用"三级物化

图 3-10　黄陵县隆坊街涝池

法"工艺流程,COD 指标保持在 $10 \sim 30$ mg/L,远远低于国家污染物排放 50 mg/L 的限值。一号煤矿矿井水处理站主要承担着井下 $1^{\#}$ 中央水泵房、大巷泵房的生产废水处理工作,现状设计处理能力 600 m³/h。净化后 10% 的疏干水用于厂区绿化和地面洒水降尘,70% 进行深度处理,用于发电厂补充用水,剩余部分输送至洗煤厂用于洗煤,洗煤水全部闭路循环使用于地面、井下各系统,每天可节约水 4 000 余 t,年可节约排放费 600 多万元。

(2)建新煤化有限责任公司拥有 2 座矿井水处理站(见图 3-11)。其中,老站矿井废水处理站设计处理能力为 7 200 m³/t,新站井废水处理站设计处理能力为 12 000 m³/t。净化水车间两套反渗透设计处理能力为 1 920 m³/t,反渗透出水达到生活饮用水标准。净化后的矿井水用于厂区绿化、地面洒水降尘、洗煤、员工生活洗浴等。

图 3-11　建新煤化有限责任公司矿井水处理车间

#### 3.1.7.4　非常规水源利用制度建设情况

延安市"十三五"期间修订和完善了《延安市水资源管理办法》《延安市供水价格管理办法》《延安市实行最严格水资源管理制度的实施意见》和《延安市建设项目节水"三同时"工作的通知》等 43 项与节约用水有关的管理办法,建立了科学完善的长效管理机制,规范了供水、用水、排水等全过程管理,强化了节约集约用水,实施了水资源用水总量和用水效率"双强"控制。实行了节水器具市场准入制度,对新开工建设的居民住宅楼、办公楼、宾馆及延安新区全面推广使用节水器具,非节水器具禁止进入市场。同时按照国家节水型社会建设和《国家节水行动方案》要求,市、县(区)成立了节约用水管理机构,制定了《延安市节水型社会建设实施方案》,颁布了《延安市城镇污水处理设施建设运行监管办法》等规章制度。

#### 3.1.7.5　非常规水源利用相关规划

延安市没有编制非常规水源专项规划,但在《延安市总体规划(2015—2030)》《延安市城市节水规划(2018—2030)》《延安市城区污水专项规划(2013—2030)》《延安市中心城区污水工程专项规划(2020—2030)》《延安新区中水、雨水综合利用规划(2021—2030)》《延安市新区北区市政基础设施——雨水专项规划(2011—2030)》《延安市新区北区市政基础设施——中水专项规划(2011—2030)》《延安新区北区东片区(收尾区)市政工程专项规划——再生水专项规划(2020—2030)》《延安新区北区东片区(收尾区)市政工程专项规划——雨水专项规划(2020—2030)》《延安市"十四五"节水型社会建设规划》等总体和专项规划中均有非常规水源利用的内容,特别是对再生水和雨水利用工程等进行了详细的规划。根据《延安市"十四五"节水型社会建设规划》,延安市"十四五"非常规水源重点工程见表 3-2。

表 3-2　延安市"十四五"非常规水源重点工程汇总

| 序号 | 项目名称 | 主要内容 | 替代新鲜水量/万 m³ |
|---|---|---|---|
| 1 | 城市再生水利用 | 宝塔区、志丹县、延川县、子长市等 9 个地区的 9 座污水处理厂的再生水进行处理回用 | 5 221 |
| 2 | 雨水集蓄利用 | 在延长县、甘泉县 2 个地区建设 2 个雨水集蓄利用工程 | 8 |
| 3 | 矿井水利用 | 在宝塔区工业园区建设矿井水利用工程 | 360 |
| 合计 | | | 5 589 |

### 3.1.8　榆林市

榆林市 2017 年利用非常规水资源 1 260.72 万 t,2018 年利用非常规水资源 1 870.71 万 t。至 2018 年,榆林市工业用水重复利用率从 98.44% 提高到 98.47%;污水处理费收缴率从 91.3% 提高到 94.5%;城市非常规水资源替代率从 24.61% 提高到 35.26%。

### 3.1.8.1　集中式再生水回用现状

目前,榆林市再生水量较少。依据榆林市城市发展规划,未来工业实现用水零排放,城镇生活污水全部处理回用。再生水回用量按照城镇生活用水的55%计算。2020年、2025年和2030年再生水可供水量分别为4 694万 m³、5 933万 m³、7 369万 m³。

(1)榆林榆横工业区工业污水处理厂一期工程主要是回收园区内企业排放高盐废水、微污染雨水,通过集中处理后,90%的中水通过回用泵站输送到各排污企业作为生产用水,剩下10%蒸发结晶,最终实现零排放。

(2)陕西延长中煤榆林能源化工有限公司厂区里的污水通过"ACS厌氧+HCF好氧"DCC净化水处理工艺实现污水达标处理后,排至回用水装置、再生水厂处理装置进一步净化处理,全厂生产、生活产生的污水全部实现有效处理并全部循环利用。从2013年建成投运以来,通过废水零排放装置及雨水的收集利用,成功实现了废水零排放的目标,每年减少用水300多万 m³。陕西延长中煤榆林能化公司水处理车间见图3-12。

**图3-12　陕西延长中煤榆林能化公司水处理车间**

(3)榆林市城区污水处理厂设计处理能力为3.00万 m³/d,日平均处理污水量为2.45万 m³。厂区主体工艺采用改良SBR处理工艺。

(4)榆林市污水处理厂中水利用工程,处理废水类型主要是生活污水,污水处理工艺为A2/O,设计规模为7.00万 m³/d,平均日处理规模达到2.45万 m³/d,出水水质达到国家一级A标准。处理过的中水供给榆能榆神热电厂用作生产用水,提标改造后向绿化和榆阳河景观补水。

(5)榆林市第三污水处理厂设计规模为10万 m³/d。

(6)榆横工业区第二工业污水处理厂设计规模为1万 m³/d。

(7)榆横开发区生活污水处理厂总规模为5 000 t/d,配套污水管网29.037 km。

#### 3.1.8.2　分散式再生水回用现状

煤制油榆林公司污水处理厂生产的初级再生水主要回用到第一循环水场、动力装置脱硫单元和全厂绿化。污水处理主要采用传统的生化系统和 MBR 平板膜处理工艺。2017 年共回用初级再生水 202.82 万 t。

#### 3.1.8.3　雨水利用现状

目前,榆林市雨水集蓄利用工程较少,供水能力有限,2020 年榆林市雨水利用量为 501 万 $m^3$。预测 2030 年雨水集蓄可供水量为 1 585 万 $m^3$。

榆林市将榆溪河生态长廊工程作为海绵城市建设的样板和示范工程,在设计上充分体现了海绵城市和水土保持理念,生态长廊内部小水系结合海绵城市旱溪、植草沟等细部做法,园内道路广场大量使用透水混凝土和高效透水砖,在河岸边设计了通过植物自然净化污染河水的生态"泡泡池",对陡峭河岸沙畔采用蜂巢状生态护坡治理。在市政道路改造建设中,榆林市将东沙福利路工程建设作为试点,采用了下凹式绿化带及道路外季弯公园设下凹式渗水坑的方法,收集利用雨水,减少雨水外流。

#### 3.1.8.4　微咸水利用现状

(1)2013 年,地处陕北奥陶纪巨型盐田核心地带的榆阳区上盐湾镇从无定河"廊道取水",在地下修建水池,令无定河水下渗到池中,再通过廊道提水上山,净化后输送到户,满足了郭山、马山、上盐湾、石马沟等村 3 000 余人的用水需求。

(2)定边县是陕西省地下水矿化度最高、微咸水利用分布最广泛的地区。北部地区分布着大小不等的咸水湖泊、海子。地表水水体少且水质差,开发利用意义较小。地下水资源主要集中在北部滩区,为微咸水及半咸水。在微咸水资源开发利用中,山区以利用地表水资源为主,滩区以利用地下水资源为主。利用方向如下:

①人畜生活用水。人畜生活用水在北部滩区基本为第四系潜水,一户一井,以抽水机井为主,井深一般为 5 ~ 100 m,南部山区以窖水为主。人畜总用水量每年约为 937.55 万 $m^3$。

②工业用水。定边县工业用水主要集中在南部山区的石油生产地,主要开采深层白垩系地下水,采用混层开采方式,每年的工业用水量约为 706.34 万 $m^3$。

③农业灌溉用水。农业灌溉用水主要集中在北部平原和滩区,除东部八里河沿岸为地表水灌溉外,其他均以机井抽取地下水为主。现有机井 13 603 眼,控制灌溉面积 3 264 $km^2$,实际灌溉面积 3 000 $km^2$,年用水量 9 966.00 万 $m^3$。

#### 3.1.8.5　矿井疏干水利用现状

据统计,榆林市 2020 年生产、在建煤矿 242 座,主要分布在榆神、榆横、神府、府谷等 4 个矿区,在建生产煤矿矿井涌水量约 2.55 亿 $m^3$,其中自用水量约 1.02 亿 $m^3$,外供水量约 0.5 亿 $m^3$,外排水量约 1.03 亿 $m^3$。矿井水量较大的煤矿主要分布在榆神和榆横矿区。从各区(县)来看,榆阳区矿井涌水量约 2.05 亿 $m^3$,占全市的 80% 以上;神木市现有矿井涌水量为 9 482.7 万 $m^3$,自用水量为 4 745 万 $m^3$,外供水量为 2 226.5 万 $m^3$,外排水量为 2 299.5 万 $m^3$,井下储存水量为 211.7 万 $m^3$;府谷县矿井涌水量 455.24 万 $m^3$(全部回用,无外排水量);横山区矿井涌水量 821.42 万 $m^3$,自用水量 322.84 万 $m^3$,外排水量为 498.58 万 $m^3$。榆林市矿井疏干水主要用水方向为煤矿井下生产用水、洗煤用水、煤化工工业用水、矿区生活用水、矿区生态环境用水及周边农田灌溉用水等,其综合利用遵循先矿内后矿外、先生态后生产、先农业后工业、先节约后储蓄、先处理后排放的基本原则。

(1)榆林市小纪汗煤矿再生水和矿井水综合利用项目是目前陕西省内建设规模最大、投资最大的水处理项目,总投资 4.6 亿元,实现矿井水资源 100%复用、零排放目标。经处理合格后的再生水和矿井水主要作为煤矿生产及生活用水、榆横发电厂的循环冷却补充用水、周边地区生态补充用水及农田灌溉用水等。

(2)榆神工业区管委会实施的"榆林市煤矿矿井水综合处置工程"总投资金额 7.5 亿元,其中,一期投资 3.8 亿元,二期投资 3.7 亿元,目前一期工程正在实施中。项目一期设计规模为 15 万 $m^3/d$,可达标处理小保当、大保当和西湾煤矿的矿井水,二期将覆盖国华锦界煤矿及榆树湾、杭来湾、金鸡滩、曹家滩等煤矿。工程建成后,将有效缓解工业集中区供水不足,避免水生态破坏,每年可创造产值近 2 亿元,提供近 100 人的就业岗位。另外,矿井水还将替代园区现有绿化用水,每年可节约水费近 100 万元。工程实施中利用矿井水建设的生态湿地,也将显著改善区域生态环境。

### 3.1.8.6 非常规水源利用制度建设情况

在组织领导方面,榆林市先后制定印发了《榆林市创建节水型城市工作实施方案》《榆林市创建节水型城市目标任务及考核办法》。2018 年,省级节水型城市考核标准出台后,榆林市及时对任务进行重新调整,印发了《榆林市 2018 年创建节水型城市工作任务》,将 25 项考核指标分解到相关职能部门和单位。

在规章制度方面,榆林市节水管理制度和长效机制日趋完善,先后修订、完善了《榆林市节约用水条例》《榆林市城市节约用水管理办法》《榆林市水资源管理办法》《榆林市建设项目节约用水暂行管理办法》《榆林市人民政府关于实行最严格水资源管理制度的实施意见》《榆林市实行最严格水资源管理制度考核工作实施细则的通知》《榆林市人民政府关于矿井疏干水综合利用的意见》《榆林市城市二次供水管理实施意见》《榆林市取水许可管理实施办法》《榆林市非常规水资源管理办法(试行)》《榆林市城市节约用水奖惩办法》等一系列非常规水资源利用相关的法规、规范性文件,为依法节水、依法管水、依法用水,推进非常规水资源利用工作提供了强有力的制度保证。

榆林市还制定了《榆林城区创建节水型企业、单位、居民小区考核办法》《榆林城区创建节水型企业、单位、居民小区实施方案》;制定了《节水统计报表制度》等制度,在全市积极推广使用节水新技术、新产品,完善计量设施,开展水平衡测试等工作。

### 3.1.8.7 非常规水源利用相关规划

在非常规水利用方面,榆林市编制完成了《榆林市中心城区节约用水规划(2012—2020)》,对城市节水中长期建设工作,特别是对非传统水资源利用做了全面分析、规划,提出了雨水、再生水利用等方案措施。在雨水利用方面,编制完成了《榆林市中心城区海绵城市建设规划》及《榆林市中心城区节水设施建设改造一期可研报告》。在矿井水利用方面,市政府出台了《榆林市矿井水综合利用意见》,编制完成了《榆林市煤矿矿井排水综合利用研究报告》《榆林市矿井水综合利用规划》《榆林市矿井水生态保护与综合利用规划》;市水务局开展了《矿井疏干水综合利用及水质处理关键技术研究》;榆阳区编制完成了《煤矿疏干水综合利用规划》,正在开展《榆神矿区煤矿疏干水综合利用工程初步设计》

的编制工作,榆阳区榆神矿区金麻片区 6 个标段已开工建设,榆神矿区牛家梁片区和榆横矿区北区项目初步设计报告正在编制阶段。

## 3.1.9　汉中市

### 3.1.9.1　集中式再生水回用现状

(1)留坝县城污水处理厂是陕西省发改委批准建设的重点项目,该项目设计处理能力近期为 2 000 m³/d,远期为 4 000 m³/d。经过处理后的出水水质达到国家一级 A 标准。目前,项目主要负责收集和处理县城规划区以内的生活污水,服务面积约 5 km²,人口约 1.2 万人。另有黄官镇、红庙镇、牟家坝镇污水处理厂等重点工程,出水水质达到一级 A 标准。

(2)河东店镇污水处理厂日处理污水量 3 500 t,新建污水管网约 26 km。范围覆盖 7 个片区,近期常住人口约 4 万人。目前正在进行通水前准备工作。

(3)武乡镇污水处理厂日处理污水量 2 000 t,新建污水管网约 25 km。范围覆盖 7 个片区,近期常住人口约 3 万人。目前配套的 1 000 余 m 污水进水管网铺设完成,出水管网铺设完成,污水处理厂正在试运营。

(4)洋县污水处理厂一期工程建设总规模为 4.0 万 m³/d,其中近期(2015 年)规模为 2.0 万 m³/d。提标改造工程设计处理规模为 2 万 m³/d,出水水质由原来的一级 B 标准提高至一级 A 标准,配套建设污水管网长 10.3 km。二期工程设计污水处理规模为 2.0 万 m³/d,尾水执行一级 A 标准。

另外,汉王镇、老君镇污水处理厂正在做开工前准备工作。铺镇污水处理厂项目规划覆盖中心城区东片区以及铺镇集镇区域,投用后与汉中市江北污水处理厂共同处理城市生活污水。城固县、勉县、洋县等地沿汉江 37 个重点镇 38 个污水处理设施正在加快实施运营能力提升项目。

### 3.1.9.2　分散式再生水回用现状

勉县尧柏水泥有限公司日平均取水量为 308 m³/d,各生产工序排水和生活污水均经污水处理系统处理达标后回用,日节约地下水 23 m³/d,实现了企业零排放。污水处理站采用 WSA-10A 地埋式生活污水处理设备,处理能力为 10 t/h,主要处理发电冷却塔排污水 1 m³/d,办公楼、宿舍楼及后勤生活污水 16 m³/d,以上污水全部进入污水处理站进行处理后回收循环利用。同时公司制水车间每天产生的 7 m³ 浓排水收集至浓水收集池,日常通过水泵用于道路冲洗、绿化喷洒及冲厕。2018—2020 年企业工业水重复利率为 99.31%,冷却水循环利用率为 99.24%,废水回用率为 100%,蒸汽冷凝水回用率为 84.17%。

### 3.1.9.3　非常规水源利用制度建设情况

2020 年以来,汉中市水利局积极推动水资源节约、保护和管理,研究出台了以下非常规水资源利用的相关措施。

一是推进县域节水型社会达标建设,巩固略阳县、南郑区、汉台区节水型社会达标建设成果,完成了西乡县建设任务;二是全面完成水利行业节水机构建设;三是统筹开展节水型企业建设;四是联手推进节水型校园建设,探索高校合同节水管理;五是协调推动节水型公共机构建设;六是逐步加快节水型小区建设;七是严格执行计划用水制度,制定了《汉中市计划用水管理办法》;八是全面开展节水评价;九是深入推进农业农村节水,完善农业水价机制,加快灌区续建配套节水项目实施,推动农村安全饮水工程计量收费;十是加大非常规水源利用,推动非常规水源纳入水资源统一配置,逐年提高非常规水源利用比例,优先使用非常规水源作为生态用水;十一是创新推广节水新技术;十二是广泛开展节水宣传工作。

### 3.1.10 安康市

#### 3.1.10.1 集中式再生水回用现状

安康市近年来积极开展城镇污水处理厂建设,全面完成汉阴等6县污水处理厂提标改造,建成集镇污水处理厂21个。

(1)安康江南再生水厂(见图3-13)规划日处理污水8万t,一期工程日处理能力6万t,其中再生水1.2万t。采用第五代下沉式再生水系统,处理后水质超过国家一级A标准,其中氨氮等主要指标达到国家地表水准Ⅳ类标准,系目前国内污水处理厂的最高标准。处理后再生水作为中心城市江南城区城市景观用水、汉江生态补水等。

**图3-13 安康江南再生水厂**

(2)安康市江北污水处理厂污水处理工艺为CAST,设计规模为2.00万 $m^3/d$,平均日处理规模达到0.32万 $m^3/d$。

(3)石泉县城区污水处理厂分为一期工程和二期工程,一期工程污水处理能力为10 000 $m^3/d$,铺设一、二级排污干管20.85 km。二期工程为改扩建工程和B升A提标工程,工程规模为20 000 $m^3/d$,将污水厂一期工程和二期工程处理后的污水再次进行处理。经过处理后的水质可达到国标一级A标准。

(4)安康中心城市水环境PPP项目——关庙再生水厂工程,近期建设规模为5万

$m^3/d$,配套建设污水主干管一条,管长 4 km;远期规模为 8 万 $m^3/d$,出水标准为地表水准Ⅳ类,其余指标执行国标一级 A 类标准。

(5)旬阳县污水处理厂目前日处理污水量 0.95 万 t/d,提标改造之后,出水水质由原来的一级 B 提升至城镇污水排放标准中的一级 A。

(6)汉阴县污水处理公司目前日处理污水量高峰值约达 9 800 t/d,平均日处理水量约达 9 000 t/d,处理能力已无法满足排放量的需求。汉阴县污水处理公司已着手准备实施城区污水处理厂二期扩容工作,拟定将原污水处理 CAST 工艺进行改造,改造后日处理水量将达 15 000~20 000 t/d。汉阴县多座污水处理厂出水水质指标超过国家规定的一级 A 排放标准,大部分已达到地表Ⅲ类水指标。

(7)紫阳县城区污水处理厂污水管网总长 11.8 km,服务面积 1.083 $km^2$,工程按服务6 万人设计,日处理污水 8 000 t/d。

(8)镇坪县污水处理厂日处理量可达到 5 000 $m^3/d$,建设管网 11.1 km,管网覆盖老县城和文彩新区两大污水系统。建成后城区污水处理率达到 90%以上,将彻底解决镇坪县城居民生活污水处理问题。

### 3.1.10.2  分散式再生水回用现状

(1)汉阴县从 2017 年开始积极探索村镇生活污水治理新模式,先后在集镇建起了 10个污水处理站,在陕西省率先实现了集镇污水处理全覆盖。按照"政府主导、市场运作、企业运营"的发展思路,从 2017 年 4 月开始,省水务集团先后投资 2 亿多元,在汉阴县的漩涡、涧池、蒲溪等乡镇建起了 10 个污水处理站。同时,政府将存量污水厂资产无偿划转于水务集团,并授予特许经营权,由水务集团进行管理运营。截至 2020 年 6 月底,汉阴县的 10 个乡镇污水处理站全部投入运营,日处理生活污水达 2.8 万 $m^3/d$。

(2)镇坪县避灾扶贫移民搬迁集中安置社区在曙坪镇阳安集中安置点、曙坪集镇安置社区、上竹集镇安置社区等 11 个集中安置社区启动了"地埋式一体化污水处理系统"试点建设,统一雨、污分流排水,将生活污水、废水集中后,沿主管网引至地埋式一体化生活污水处理设施,采用"水解酸化+接触氧化+沉淀+消毒"工艺进行污水处理,所处理的污水再采用"二氧化氯消毒"进行消毒处理后排放。污水经过处理后出水水质可达到国标一级 B 标准要求,可以直排南江河。

### 3.1.10.3  非常规水源利用制度建设情况

2020 年,安康市为进一步加强水资源的节约、保护和管理,促进全社会节约用水,保障经济社会的可持续发展,制定了《安康市节约用水办法》(以下简称《办法》)。《办法》规定园林绿化、道路清洒、消防等市政设施应逐步提高再生水使用比例。另外安康市政府还出台了《安康市污水处理项目集中运用政府和社会资本合作(PPP)模式工作方案》《安康市人民政府办公室关于进一步加快推进城市供水价格和污水处理费改革工作的实施意见》等政策制度,对全省各地市非常规水资源利用具有一定的借鉴意义。

### 3.1.11 商洛市

#### 3.1.11.1 集中式再生水回用现状

（1）商洛市全域污水处理 PPP 项目是 2020 年市重大建设项目之一，整个项目分为两期实施。一期工程为全市县（区）、镇（办）、移民搬迁安置点、3A 级以上景区及重要干支流沿线部分重点村庄新建污水处理设施以及相关配套污水管网工程建设及运营管理；全市县（区）、镇（办）、村部分已建污水处理设施提标改造及运营管理；一期工程已启动，涵盖商洛市"六县一区"，投资 36.56 亿元。二期工程为全市县（区）重要干支流沿线剩余村级污水处理工程的建设和运营管理。

（2）商南县污水处理厂日处理污水可达 1 万 $m^3/d$，处理后水质达到国家一级 B 标准要求，二期扩建及配套管网工程位于商丹循环工业经济园区，处理工艺为 CAST 工艺，出水水质为一级 A 标准，新增污水处理能力 3 万 t/d。

#### 3.1.11.2 分散式再生水回用现状

（1）企业：桑德污水厂总规模为 6 万 $m^3/d$，一、二期工程建设规模均为 3 万 $m^3/d$，陕西商洛发电有限公司 2×660 MW 机组采用商洛桑德污水厂处理后的中水作为电厂生产用水。按机组年运行 11 个月计算，每年使用中水即可节约淡水资源约 170 万 $m^3$。电厂生产配套厂外补给水管线专项工程，包括在桑德污水厂新建中水升压泵站一座、1 000 $m^3$ 蓄水池两座、2×DN300 中水管线各约 12 km。桑德污水厂出水水质为国家一级 A 标准，电厂生产、生活产生的所有废水、污水经各管网收集至相应处理系统，经深度处理后将产水混合收集于清水池，并经清水泵全部回用，无任何外排水，实现了厂区各种水资源的分级回用最大化。

（2）景区：陕南首家 5A 级景区金丝大峡谷全镇基本实现了污水零排放目标。针对农家乐集中区的污水开展集中处理，在集镇修建了一座日处理规模为 100 t/d 的污水处理站，并在每个农庄修建人工湿地。对分散的农家乐经营户，累计安装了一体化污水处理设备 13 个。商南县充分利用中省支持农村环境综合整治的相关政策，采取整合项目和自筹资金等办法，规划申报了 18 个生活污水处理人工湿地。人工湿地均设计了人工格栅处理、调节池、碱性生化池、接触氧化池、二级沉淀池等设施，铺设污水收集管网，通过多道工序形成微循环处理生活污水，并使处理后的水质达到国家城镇污水处理厂污染物排放标准。人工湿地通过植树种草等方式美化了所在地环境，改善了所在地生态。项目主要分布在各镇政府所在村、移民搬迁集中安置点、景区农家乐集中区等地，涉及 20 个村，受益群众 6 万余人。金丝峡镇太子坪社区项目作为全县首个人工湿地公园已建成使用。

#### 3.1.11.3 非常规水源利用制度建设情况

2019 年，商洛市制定了《商洛市创建节水型城市实施方案》，提出通过加大污水收集利用，在工业生产、城市绿化、道路清扫、车辆冲洗、建筑施工及生态景观等领域优先使用再生水等措施提高非常规水资源利用率，使城区非常规水资源替代率不低于 20%。推进海绵城市建设，落实海绵城市理念，发挥海绵城市引领作用，推进雨污分流改造、雨水收集利用，已建成海绵城市的区域内无易涝点，编制完成海绵城市专项规划。商洛市根据陕西省财政厅、住建厅、发改委和生态环境厅四部门《关于陕南三市污水处理集中运用政府和社会资本合作(PPP)模式指导意见》,制定了商洛市政府《关于污水垃圾处理项目集中运用政府和社会资本合作(PPP)模式实施方案》。丹凤县根据实施方案制定了《丹凤县海绵城市规划》《丹凤县城镇排水与污水处理规划》,其他区(县)也结合实际情况制定了非常规水资源利用的相关规划。

# 3.2　问题识别

## 3.2.1　分析方法

陕西地处西北内陆腹地,水资源先天不足,近年来随着陕西经济社会快速发展,用水矛盾日益突出,为了解决经济社会发展用水需要,陕西省不仅建设了一批保障经济社会发展用水的水源工程,还加大了非常规水源利用工程建设。为了进一步推动全省非常规水资源利用量及利用率再上新台阶,省政府出台了《关于加快推进中水设施建设促进中水回收利用的意见》《陕西省节约用水办法》等一系列规章制度,为加大全省非常规水资源利用提供了政策保障。通过现状分析,我们应认识到陕西省的非常规水资源利用工作仍处于起步阶段,依然有诸多问题有待解决。本书借用工商管理领域中的"鱼骨分析法"+"5M因素法",对陕西省非常规水资源开发利用现状存在的问题进行分析识别。

鱼骨分析法又名因果分析法,是一种发现问题"根本原因"的分析方法,现代工商管理教育将其划分为问题型鱼骨分析、原因型鱼骨分析及对策型鱼骨分析等几类先进技术分析法。问题的特性总是受到一些因素的影响,通过头脑风暴找出这些因素,并将它们与特性值一起,按相互关联性整理而成的层次分明、条理清楚,因其形状如鱼骨,所以叫鱼骨图。

5M因素法中的"5M因素"包括料、法、机、人、环5个方面。"料(Material)"指物料、基础,包括新产品的研制与开发、产品种类、性能及客户对产品的认知度等,在本书中认为是资源禀赋等自然和经济社会基础;"法(Method)"是指业务经营的方式、方法是否正确有效等,在本书中即体制、机制等非常规水资源管理的方法、方式;"机(Machinery)"指软硬件条件对业务经营及管理的影响,在本书中即为工程、工艺、技术等软硬件条件;"人(Man)"是指哪些问题是由人为因素造成的,在本书中即为直接的涉及人的因素;"环(Milieu)"是指影响业务经营的内部和外部环境等,在本书中即市场等影响非常规水资源利用的外部环境。分析得出陕西省非常规水资源开发利用现状存在的问题(见图3-14)。

对"5M因素"从料、法、机、人、环等5个方面进行具体分析,如下文所示。

## 3.2.2　5M——料(基础)

### 3.2.2.1　陕南地区对非常规水资源需求较小

目前陕南地区因降水资源较为丰沛,而区域人口较少,缺水问题相对不突出,对非常规水资源利用的需求不大,导致陕南地区非常规水资源利用量和利用率不高(不到20%),但未能满足中、省生态文明建设的新要求。

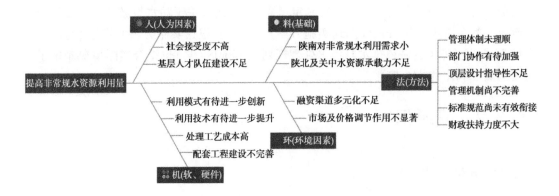

**图 3-14 陕西省非常规水资源开发利用问题分析鱼骨图**

### 3.2.2.2 关中和陕北地区水资源已超载或临界超载

关中和陕北地区属缺水地区,本地地表及地下水资源开发利用程度均已接近饱和,区域水资源已超载或临界超载,而跨流域调水工程建设难度大、周期长、成本高,因此非常规水资源作为对常规水资源的有效补充,应大力推广使用,但目前在关中及陕北地区非常规水资源利用量和利用率仍不高(不到30%),与国内发达地区相比还有一定的差距。

## 3.2.3 5M——法(方法)

### 3.2.3.1 管理体制仍需进一步理顺

目前陕西省除西安市在管理体制上基本实现了城市供水、污水处理及再生水利用一体化管理外,其余地市污水处理及再生水利用主要由住建部门负责,延安等个别地市污水处理及再生水回用工作则由城管执法、环保等部门负责,污水处理及再生水回用分属不同的部门管理,不仅严重影响了非常规水资源利用的统一规划,而且还制约了相关工程的全面落实,"多龙管水"的管理体制有待进一步理顺。

### 3.2.3.2 部门间相互协作有待加强

陕西省乃至全国的非常规水源开发利用一般涉及发改、水利、住建、生态环境、自规、市政、财政等多个职能部门,工作中受各部门间不能有效协作的影响,往往出现非常规水资源利用工程规划后难以及时获得建设立项,难以筹措充足的建设资金,部分工程因建设用地问题迟迟不能得到解决,而影响项目建设。甚至有些工程建成后,受收集管网建设滞后、运行经费缺乏、运行主体缺失等因素限制,使得工程效益无法得到正常发挥,成为"晒太阳"工程,产生负面影响,影响社会公众对非常规水资源利用的支持度。

### 3.2.3.3 顶层设计指导性不足

目前陕西省政府出台了《关于实行最严格水资源管理制度的实施意见》《关于加快推进中水设施建设促进中水回收利用的意见》《陕西省节约用水办法》等一系列规章制度,省水利厅制定了《陕西省水资源管理办法》《陕西省计划用水管理办法》《陕西省取水许可管理办法》等行政性规范文件,西安市制定了《西安市城市污水处理和再生水利用条例》《城市计划用水管理办法》《西安市节约用水管理办法》,其余地市也根据各自实际情况制定了水资源管理相关政策。但部分政策已过规划期,如《陕西省再生水利用方案》《关于加快推进中水设施建设促进中水回收利用的意见》等。各地市也存在非常规水利用相关规划已过规划期或无专项规划的情况。总体上看,中、省及各地市对非常规水资源开发利用的目标方向,开发利用方式、建设运营体制、监管方式等缺乏全方位的顶层设计和统筹规划,使得非常规水资源开发利用缺乏有效指导。

#### 3.2.3.4 管理机制尚不完善

陕西省目前仍未建立非常规水源开发利用的监督机制、补偿机制和奖惩机制,再生水利用的法律、行政和经济手段还不完善,在立法、执法以及经济调节方面还不配套,在项目用水审批、城市规划和市政设施建设过程中,强制性和激励性体现还很不够,导致非常规水资源开发利用积极性不高,监管乏力。

#### 3.2.3.5 标准规范尚未有效衔接

再生水水质相关的现行国家标准、行业标准未能形成协调互补局面,标准中的约束性指标数量和阈值存在明显差异,尚未有效衔接。例如《城镇污水处理厂污染物排放标准》(GB 18918—2002)中对污水处理厂排放水质的最高标准要求与《地表水环境质量标准》(GB 3838—2002)中对氨水质要求差异较大。

#### 3.2.3.6 财政扶持力度有待加强

非常规水源利用具有较强的公益性特点。相比常规水资源,非常规水源开发利用需要完善的基础设施作为支撑,相关配套设施建设所需资金较大,在行业发展初期尤其需要政府大力扶持。而陕西省地方财力有限,政府及相关部门的财政预算未安排落实再生水管网建设、非常规水源开发利用设施的建设资金。

### 3.2.4 5M——机(软硬件)

#### 3.2.4.1 配套工程建设不完善

经调查,陕西省各地区目前普遍存在的突出问题是:再生水管网建设不完善,规模小、覆盖面小、用水终端标识不明显、规划不合理、管网与用水户分离等现状,直接影响了再生水的推广。再生水管网覆盖区域偏小、管网规模有限,导致部分污水处理厂或再生水厂处理后达标的再生水只能为下游河道补水,一些潜在用户无法使用。

雨水和矿井水回用的管网建设难度更大。雨水在陕西省内城市区域一般应用于海绵城市,而在老城区海绵城市建设难度大,只有部分新区作了一些试点;在山区主要通过修建调蓄水库来拦蓄汛期洪水进行利用,但水库工程建设工程量大,工期长,涉及因素较多,目前省内仅有冯家湾水库正在规划中,已建、在建及规划的工程数量更是寥寥无几。

微咸水主要分布于无净水资源的地区,如渭北平原及榆林长城沿线,矿井疏干水主要分布于关中和陕北的矿区,一般均为就地回用,仅为满足当地个别地区的人民生活及小范围生产需求,回收-处理-利用设施规模不大。

#### 3.2.4.2 处理成本有待进一步降低

自20世纪20年代人们开展再生水利用研究以来,经过一个世纪的不懈努力,从最初的物理处理到生化处理再到膜处理,水处理工艺不断提高,水处理技术已经实现了经处理的污水达到饮用水标准。目前存在的问题是水处理成本较高,企业负担较重。经调查,省内乃至国内满足排放要求的污水普通处理成本就已达到1~2元/m³,对于出水水质较高的膜处理工艺,成本则在 $4 \sim 5$ 元$/m^3$。若考虑污水处理设施、回用管网投入、运行维护等因素后,单方水处理成本将会进一步提高,远高于地表水原水和自来水水价。此外,在水处理设备方面,国内处理设备品种不全、结构不合理、产品质量不稳定,关键设备、关键部件需要进口。成本因素和客观因素使非常规水资源利用的难度进一步加大。

### 3.2.4.3 利用技术有待进一步提升

目前国内外在非常规水资源利用方面开展了大量研究,以西安建筑科技大学和西安理工大学为代表的陕西省多所高校和科研机构在非常规水资源利用技术及政策等方面的研究取得了丰硕的成果,许多技术在实践应用中取得了良好的效果。但仍要注意,再生水、微咸水处理工艺、处理成本、处理设备、采用的材料等有待进一步提升;雨水的利用方式,如雨洪调蓄库、地下水调蓄库、海绵城市建设以及雨洪利用设施调度运行方式等有待进一步研究;矿井疏干水利用模式有待进一步完善。

### 3.2.4.4 利用模式有待进一步创新

目前陕西省再生水利用模式主要是将污水处理后用于工业冷却、市政杂用、绿化灌溉、河湖补水等,微咸水利用模式主要是将处理后的微咸水用于人畜饮水,矿井疏干水利用模式主要是将矿井疏干水处理后用于除尘、洗浴、抑尘、洗煤、灌浆、厂区绿化等,雨水利用模式主要将收集的雨水用于生态环境补水、道路浇洒、绿化浇灌等。总体而言,陕西省现有的利用方向主要以处理、收集后向工业生产、环境补水、少量生活回用为主,利用模式比较单一。今后还需加大创新力度,探索水处理工艺与新能源综合利用模式,降低处理成本,促进非常规水资源的有效利用。

## 3.2.5 5M——人

### 3.2.5.1 社会认识程度有待提升

陕西省非常规水资源利用尚处于起步阶段,虽然每年各级水行政主管部门利用"世界水日""中国水周""节水宣传周"等节日进行集中宣传,但受宣传力度不够、形式单一、覆盖面有限以及大众认知不足等影响,使得人们对非常规水源利用的可行性、水源的安全性认识不足,全社会节水意识有待提升。

### 3.2.5.2 基层人才队伍建设亟须加强

人才队伍建设是各项工作的前提与基础。随着陕西省城镇化的快速发展,大量的人才涌入西安这类区域中心城市,在一定程度上导致了市县级水资源管理人才缺乏,专业技术人员严重不足,陕南部分区县基层水行政主管部门多年来未新进一名大学生。随着国家对水利投入以及河湖管理力度的持续加大,近年来基层水利管理人员承担的水利发展任务日益繁重,工作量成倍增加,专业技术要求逐年提升。受人员编制、知识老化等因素限制,县级以下基层水利管理部门不仅人员数量不能满足要求,更缺少非常规水资源开发利用研究、管理、推广的专业技术人才,严重制约了非常规水资源开发利用工作的开展。

## 3.2.6 5M——环(环境)

### 3.2.6.1 融资渠道多元化不足

陕西省地处西北内陆腹地,属于经济欠发达地区。虽然近年来中、省、市在非常规水资源利用方面加大了财政投入,并积极吸纳社会资金,但受融资渠道多元化不足、融资模式创新不够、经济效益低等影响,全省非常规水资源利用建设资金缺口依然巨大,仍需进一步探索资金筹措模式及途径,以更加多元化的方式为工程建设提供充足的资金。

### 3.2.6.2 市场及价格调节作用不显著

目前陕西省自来水价格普遍偏低,如西安市再生水价格为 $1.17 \sim 1.24$ 元/$m^3$,是工业新鲜水价的 25%;榆林市工业园区使用矿井疏干水及再生水的价格是新鲜水的 80%,相比新鲜水的价格竞争优势还不明显。而再生水的最低生产成本与销售价格基本持平,生产厂家利润空间有限,积极性不高。"分质供水、优水高价"的价格机制尚未形成,导致水价杠杆作用不能有效发挥,市场在资源配置中的决定性作用不能充分显现。

# 4 非常规水资源利用潜力分析

## 4.1 可行性分析

### 4.1.1 再生水利用可行性分析

#### 4.1.1.1 再生水水量

陕西省地处西北内陆腹地,水资源先天不足,经济社会发展用水矛盾突出,特别是城市缺水问题更加突出,迫切需要尽快解决。再生水以其稳定的水源,被国际公认为是"城市第二水源",是解决城市水危机的重要途径。

随着陕西省城镇集中式污水处理厂建设力度的加大,城镇污水处理厂的出水量十分可观。根据《2020年城乡建设统计年鉴》中统计数据,截至2020年年底,陕西省有城乡污水处理厂128座,其中城市污水处理厂57座,县城污水处理厂71座,污水日处理能力总计516.3万 $m^3/d$,年污水处理量152 774万 $m^3$,其中城市污水厂日处理能力415.4万 $m^3/d$,年污水处理量127 737万 $m^3$,县城污水处理厂日处理能力100.9万 $m^3/d$,年污水处理量25 037万 $m^3$。

截至2020年年底,陕西省现有再生水设施生产能力232.3万 $m^3/d$,其中城市再生水设施生产能力216.4万 $m^3/d$,县城再生水设施生产能力15.9万 $m^3/d$;现有再生水回用管网369 km,其中城市再生水回用管网344 km,县城再生水回用管网25 km。

陕西省现有污水处理厂不仅数量多,而且出水量大,水源受气候条件和其他自然条件影响小,稳定、可靠,再生水作为城市第二水源具有一定的可行性。

#### 4.1.1.2 再生水水质

为了促进水资源循环利用,保障再生水使用的安全、卫生,水利部制定了《再生水水质标准》(SL 368—2006)明确了污水再生回用于工业、农业、景观环境、城市杂用、地下水回灌等领域的水质标准。同时在2011版及2018版《陕西省黄河流域污水综合排放标准》(DB 61/224—2018)的约束下,陕西省除个别尚未提标改造的污水处理厂外,绝大多数污水处理厂出水水质均达到《城市污水再生利用分类》(GB/T 18919—2002)中一级 A 标准,新建污水处理厂出水水质进一步达到Ⅳ类标准,基本上能够满足生活杂用水、市政道路浇洒、绿化浇灌、工业冷却、建筑施工、消防等用水要求。

对于景观水体补水,特别是接触皮肤类的娱乐性景观用水,通过微滤膜处理系统等工艺进行处理后即可满足要求。对于工业锅炉用水,甚至生活饮用水等对水质要求更高的行业,采用反渗透处理系统等工艺也可达到相关要求。因此,现有的污水处理回用技术为再生水利用中水质达标提供了技术保障,使得再生水回用水质能够满足不同用户要求。

《再生水水质标准》(SL 368—2006)中不同用户利用再生水水质控制项目和指标限值见表 4-1~表 4-5。

表 4-1 再生水用于地下水回灌控制项目和指标限值

| 序号 | 控制项目 | 补充地下水指标限值 |
|---|---|---|
| 1 | 色度(度) | ≤15 |
| 2 | 浊度(NTU) | ≤5 |
| 3 | 嗅 | 无不快感 |
| 4 | pH 值 | 6.5~8.5 |
| 5 | 总硬度(以 $CaCO_3$ 计)/(mg/L) | ≤450 |
| 6 | 溶解氧/(mg/L) | ≥1.0 |
| 7 | 五日化学需氧量($BOD_5$)/(mg/L) | ≤4 |
| 8 | 化学需氧量($COD_{Cr}$)/(mg/L) | ≤15 |
| 9 | 氨氮/(mg/L) | ≤0.2 |
| 10 | 亚硝酸盐(以 N 计)/(mg/L) | ≤0.02 |
| 11 | 溶解性总固体/(mg/L) | ≤1 000 |
| 12 | 汞/(mg/L) | ≤0.001 |
| 13 | 镉/(mg/L) | ≤0.01 |
| 14 | 砷/(mg/L) | ≤0.05 |
| 15 | 铬/(mg/L) | ≤0.05 |
| 16 | 铅/(mg/L) | ≤0.05 |
| 17 | 铁/(mg/L) | ≤0.3 |
| 18 | 锰/(mg/L) | ≤0.1 |
| 19 | 氟化物/(mg/L) | ≤1.0 |
| 20 | 氰化物/(mg/L) | ≤0.05 |
| 21 | 粪大肠菌群/(mg/L) | ≤3 |

表 4-2 再生水用于工业用水控制项目与指标限值

| 序号 | 控制项目 | 冷却用水 | 洗涤用水 | 锅炉用水 |
|---|---|---|---|---|
| 1 | 色度(度) | ≤30 | ≤30 | ≤30 |
| 2 | 浊度(NTU) | ≤5 | ≤5 | ≤5 |
| 3 | pH 值 | 6.5~8.5 | 6.5~9.0 | 6.5~8.5 |

续表 4-2

| 序号 | 控制项目 | 冷却用水 | 洗涤用水 | 锅炉用水 |
|---|---|---|---|---|
| 4 | 总硬度(以 CaCO$_3$ 计)/(mg/L) | ≤450 | ≤450 | ≤450 |
| 5 | 悬浮度(SS)/(mg/L) | ≤30 | ≤30 | ≤5 |
| 6 | 五日化学需氧量(BOD$_5$)/(mg/L) | ≤10 | ≤30 | ≤10 |
| 7 | 化学需氧量(COD$_{Cr}$)/(mg/L) | ≤60 | ≤60 | ≤60 |
| 8 | 溶解性总固体/(mg/L) | ≤1 000 | ≤1 000 | ≤1 000 |
| 9 | 氨氮/(mg/L) | ≤10.0[a] | ≤10.0 | ≤10.0 |
| 10 | 总磷/(mg/L) | ≤1.0 | ≤1.0 | ≤1.0 |
| 11 | 铁/(mg/L) | ≤0.3 | ≤0.3 | ≤0.3 |
| 12 | 锰/(mg/L) | ≤0.1 | ≤0.1 | ≤0.1 |
| 13 | 粪大肠菌群/(mg/L) | ≤2 000 | ≤2 000 | ≤2 000 |

注:a:铜质换热器循环水氨氮为 1 mg/L。

表 4-3　再生水用于农业、林业、牧业用水控制项目和指标值

| 序号 | 控制项目 | 农业 | 林业 | 牧业 |
|---|---|---|---|---|
| 1 | 色度(度) | ≤30 | ≤30 | ≤30 |
| 2 | 浊度(NTU) | ≤10 | ≤10 | ≤10 |
| 3 | pH 值 | 5.5~8.5 | 5.5~8.5 | 5.5~8.5 |
| 4 | 总硬度(以 CaCO$_3$ 计)/(mg/L) | ≤450 | ≤450 | ≤450 |
| 5 | 悬浮度(SS)/(mg/L) | ≤30 | ≤30 | ≤30 |
| 6 | 五日化学需氧量(BOD$_5$)/(mg/L) | ≤35 | ≤35 | ≤10 |
| 7 | 化学需氧量(COD$_{Cr}$)/(mg/L) | ≤90 | ≤90 | ≤40 |
| 8 | 溶解性总固体/(mg/L) | ≤1 000 | ≤1 000 | ≤1 000 |
| 9 | 汞/(mg/L) | ≤0.001 | ≤0.001 | ≤0.000 5 |
| 10 | 镉/(mg/L) | ≤0.01 | ≤0.01 | ≤0.005 |
| 11 | 砷/(mg/L) | ≤0.05 | ≤0.05 | ≤0.05 |
| 12 | 铬/(mg/L) | ≤0.1 | ≤0.1 | ≤0.05 |
| 13 | 铅/(mg/L) | ≤0.1 | ≤0.1 | ≤0.05 |
| 14 | 氰化物/(mg/L) | ≤0.05 | ≤0.05 | ≤0.05 |
| 15 | 粪大肠菌群/(mg/L) | ≤10 000 | ≤10 000 | ≤2 000 |

表 4-4　再生水用于城市非饮用水控制项目与指标限值

| 序号 | 控制项目 | 冲厕控制指标 | 道路清扫、消防控制指标 | 城市绿化控制指标 | 车辆冲洗控制指标 | 建筑施工控制指标 |
|---|---|---|---|---|---|---|
| 1 | 色度(度) | ≤30 | ≤30 | ≤30 | ≤30 | ≤30 |
| 2 | 浊度(NTU) | ≤5 | ≤10 | ≤10 | ≤5 | ≤20 |
| 3 | 嗅 | 无不快感 | 无不快感 | 无不快感 | 无不快感 | 无不快感 |
| 4 | pH 值 | 6.0~9.0 | 6.0~9.0 | 6.0~9.0 | 6.0~9.0 | 6.0~9.0 |
| 5 | 溶解氧/(mg/L) | ≥1.0 | ≥1.0 | ≥1.0 | ≥1.0 | ≥1.0 |
| 6 | 五日化学需氧量($BOD_5$)/(mg/L) | ≤10 | ≤15 | ≤20 | ≤10 | ≤15 |
| 7 | 溶解性总固体/(mg/L) | ≤1 500 | ≤1 500 | ≤1 000 | ≤1 000 | ≤1 500 |
| 8 | 阴离子表面活性剂(LAS)/(mg/L) | ≤1.0 | ≤1.0 | ≤1.0 | ≤0.5 | ≤1.0 |
| 9 | 氨氮/(mg/L) | ≤10 | ≤10 | ≤20 | ≤10 | ≤20 |
| 10 | 铁/(mg/L) | ≤0.3 | — | — | ≤0.3 | — |
| 11 | 锰/(mg/L) | ≤0.1 | — | — | ≤0.1 | — |
| 12 | 粪大肠菌群/(mg/L) | ≤200 | ≤200 | ≤200 | ≤200 | ≤200 |

表 4-5　再生水用于景观用水控制项目与指标限值

| 序号 | 监控项目 | 观赏性景观环境用水控制指标 | | 娱乐性景观环境用水指标 | | 湿地环境用水控制指标 |
|---|---|---|---|---|---|---|
| | | 河道类 | 湖泊类 | 河道类 | 湖泊类 | |
| 1 | 色度(度) | 30 | 30 | 30 | 30 | 30 |
| 2 | 浊度(NTU) | 5.0 | 5.0 | 5.0 | 5.0 | 5.0 |
| 3 | 嗅 | 无漂浮物,无令人不快感 | 无漂浮物,无令人不快感 | 无漂浮物,无令人不快感 | 无漂浮物,无令人不快感 | 无漂浮物,无令人不快感 |
| 4 | pH 值 | 6.0~9.0 | 6.0~9.0 | 6.0~9.0 | 6.0~9.0 | 6.0~9.0 |
| 5 | 溶解氧/(mg/L) | ≥1.5 | ≥1.5 | ≥2.0 | ≥2.0 | ≥2.0 |
| 6 | 悬浮物(SS)/(mg/L) | ≤20 | ≤10 | ≤20 | ≤10 | ≤10 |

续表 4-5

| 序号 | 监控项目 | 观赏性景观环境用水控制指标 | | 娱乐性景观环境用水指标 | | 湿地环境用水控制指标 |
|---|---|---|---|---|---|---|
| | | 河道类 | 湖泊类 | 河道类 | 湖泊类 | |
| 7 | 五日化学需氧量（$BOD_5$）/（mg/L） | ≤10 | ≤6 | ≤6 | ≤6 | ≤6 |
| 8 | 化学需氧量（$COD_{Cr}$）/（mg/L） | ≤40 | ≤30 | ≤30 | ≤30 | ≤30 |
| 9 | 阴离子表面活性剂（LAS）/（mg/L） | ≤0.5 | ≤0.5 | ≤0.5 | ≤0.5 | ≤0.5 |
| 10 | 氨氮/（mg/L） | ≤5.0 | ≤5.0 | ≤5.0 | ≤5.0 | ≤5.0 |
| 11 | 总磷/（mg/L） | ≤1.0 | ≤0.5 | ≤0.5 | ≤0.5 | ≤0.5 |
| 12 | 石油类/（mg/L） | ≤1.0 | ≤1.0 | ≤1.0 | ≤1.0 | ≤1.0 |
| 13 | 粪大肠菌群/（mg/L） | ≤10 000 | ≤2 000 | ≤500 | ≤500 | ≤2 000 |

### 4.1.1.3 再生水利用技术可行性

自 20 世纪 20 年代初期美国亚利桑那州建立全美第一个分质供水系统开展再生水回用以来,再生水回用技术逐渐引起各国水处理领域专家的关注。到 20 世纪 60 年代,美国开始大规模建设污水处理厂,不仅城市污水处理率达到了 100%,而且开始进行污水处理回用。日本在 20 世纪 70 年代污水处理回用也初具规模,1991 年日本实施"造水计划"后,污水处理技术得到了快速发展,相继开展了新型脱氮技术、除磷技术、膜生物反应器技术和膜分离技术等多种深度处理技术。新加坡则在"超滤-紫外光-反渗透"技术方面走在世界前列。

我国的再生水利用研究起步相对较晚,1958 年城市污水利用研究被列入国家科研课题进行研究,直至"六五"期间建设部将城市污水回用课题列入专项科技计划以来,污水回用技术才有了长足发展,"七五"至"九五"期间建立的重点科技攻关课题,对污水回用技术和示范工程进行了系统探索,取得了较完善的科学理论成果和实践经验。进入 21 世纪,再生水作为常规水资源的重要补充,受到国家高度重视,"十五"期间国家首次将污水资源化利用纳入国民经济和社会发展计划,在加大"污水资源化利用技术与示范"等技术科技攻关力度的同时,开始着力建设污水再生利用示范工程和再生水集中利用工程。党的十八大以来,在生态文明建设的时代背景下,污水处理技术及污水处理厂出水水质得到进一步提升。成熟、可靠的处理技术和大量的污水处理回用工程实践为加大再生水回用提供了技术支撑,使污水处理回用在技术上更具可行性。

总而言之,目前陕西省有 128 座污水处理厂,每年高达 152 774 万 m³ 的处理水量为再生水利用提供了稳定水源,未来随着污水排放量、收集率、处理率的进一步增长,再生水水源规模还会进一步增加。同时随着环境保护制度的深入推进,污水处理厂出水水质将不断提升,出水水质将基本满足日常杂用、绿化浇灌、工业冷却等大多数行业要求,对于接触皮肤的娱乐性景观用水、锅炉用水、生活饮用水等对水质要求较高的用水需要,国内外已有的水处理技术也完全能够实现。因此,陕西省再生水利用无论在水量、水质还是处理技术、处理工艺方面均不存在明显的短板,具有一定的可行性。

## 4.1.2  雨水利用可行性分析

### 4.1.2.1  降水资源量及特性分析

陕西省地处西北内陆腹地,属温带季风气候,从北到南横跨中温带、暖温带和北亚热带三大气候带和三个干湿区。全省降水资源从南向北依次减少,多年平均降水量在325~1 270 mm,汉中市镇巴县降水量最大,多年平均降水量高达1 268 mm,长城沿线的靖边、横山、榆林等地区年平均降水量不足400 mm,榆林市定边县降水量最小,多年平均降水量仅有328 mm。

多年平均年降水日数空间分布特征与降水量基本一致,年降水日数最多出现在汉中市宁强县,高达142 d,其次是镇坪和镇巴,均达到138 d,陕北长城沿线降水量不足70 d,定边县为全省降水日数最少地区,仅有60 d。

降水资源分布除南北差异较大外,年内分配也极不均匀,汛期4个月的多年平均降水量为233~830 mm,占到全年的总降水量的65%~71%,非汛期8个月多年平均降水量仅占30%左右。此外,从降雨等级看,汛期和全年降水中小雨分别占24.4%和32.9%,小雨日数则分别占降水日数的79%和86%,小雨是全省主要降水事件。陕西省多年平均降水量等值线见图4-1,陕西省汛期多年平均降水量等值线见图4-2。

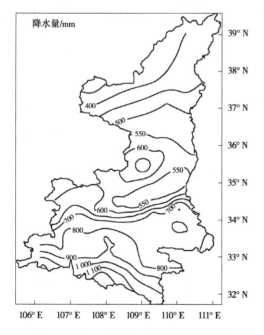

图4-1  陕西省多年平均降水量等值线

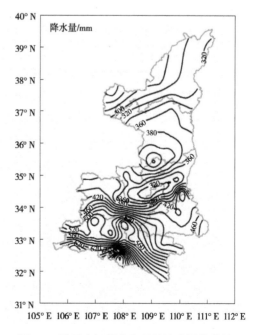

图4-2  陕西省汛期多年平均降水量等值线

#### 4.1.2.2　雨水利用技术可行性

日本在 1963 年开始兴建滞洪和储蓄雨水的蓄水池,许多城市在屋顶修建用雨水浇灌的"空中花园",一些大型的公共建筑建有数千立方米的地下水池储存雨水。美国科罗拉多州、佛罗里达州和宾夕法尼亚州在 20 世纪 70 年代分别制定了《雨水管理条例》,要求就地滞洪蓄水。20 世纪 90 年代初美国又提出了"低影响开发"雨洪控制管理理念,并开展相关技术研究。德国在 1989 年出台了《雨水利用设计标准》,对住宅、商业和工业领域雨水利用设计、施工和运行管理等制定了标准。英国、荷兰、澳大利亚等发达国家也相继开展了雨水利用相关研究及试点工作,取得了一定成效。

我国真正意义上的城市雨水资源化利用研究和应用开始于 20 世纪 80 年代到 90 年代。当时面对日益紧张的城市供水形势,北京建筑工程学院和北京市城市节水办联合对城市雨水水质、雨水收集利用方案、雨水渗透方案及装置、污染控制及净化措施、雨水利用与小区生态环境等方向进行了系统研究。2000 年以后,我国城市雨水资源化利用的进程明显加快,技术水平也迅速提高。北京市水利科学研究所在德国教研部、科技部和北京市发改委、科委、水务局的支持下,从 2000 年开始开展了"北京城区雨洪控制与利用技术研究与示范"项目研究,对新建城区、老城区、公园、学校等不同类型的雨水利用工程进行了探讨,并建设了示范工程。2008 年,北京奥运会国家体育馆(鸟巢)和国家游泳中心(水立方)雨水回收利用系统的正式启用,标志着我国的城市雨水资源化利用在某些方面达到了国际先进水平。

陕西省作为水资源短缺地区,历来高度重视雨水利用研究工作,早在 2007 年西安市水务局就委托西安理工大学编制了《西安市雨水利用规划》,并在浐灞生态区率先建设了多处雨水利用示范工程,开展了雨水利用技术的探索。2014 年西咸新区沣西新城将雨洪管理与利用工程作为新区建设的突破口,大力开展雨水收集利用工程建设,初步构建了包括建筑小区、市政道路、景观绿地及中央雨洪(中心绿廊)在内的四级雨水收集利用系统,进一步为全省城市雨水利用进行了有益探索。此后,在国家建设部、省住建厅的大力支持下,西安、铜川、宝鸡等地市各地纷纷开展了海绵城市建设。陕西省水利厅也在全省新建了一批涝池、集雨窖等工程,为加大雨水利用积累了经验。

总之,从陕西省降水资源及特性看,全省多年平均降水量为 325~1 270 mm,汛期降水量占到全年总降水量的 65%~71%,降水年内分配极不均匀的特征,使得每年汛期大量的雨洪资源未得到有效利用。国内外现有的雨洪利用技术及模式不仅为全省雨洪利用提供了技术支撑,西安、铜川、宝鸡、延安等地雨洪利用工程还为雨洪资源当地利用进行了有益尝试,为全省雨洪利用全面开展积累了经验,也促使全省范围内开展雨洪利用成为可能。

### 4.1.3　微咸水利用可行性分析

#### 4.1.3.1　微咸水资源及分布

微咸水是一个通俗的称法,目前没有统一的界定标准,《地表水资源质量评价技术规程》(SL 395—2007)中将矿化度超过 2 g/L 的水称为微咸水。河南省地矿局曾提出将矿化度小于 2 g/L 的水划为淡水资源。

根据相关研究,陕西省地表微咸水主要分布于多年平均降水量小于 450 mm 的地区,即黄河流域陕北内流区、无定河水系,主要涉及 3 个区县,5 条河流。此外,在陕北内流区的定边、神木、靖边等 3 个区县,还分布有 7 个微咸水湖泊。陕西省地表微咸水分布情况见表 4-6。

表 4-6　陕西省地表微咸水分布情况

| 序号 | 类型 | 数量/<br>(条/个) | 水面面<br>积/km² | 涉及县<br>区/个 | 所在地区 |
|---|---|---|---|---|---|
| 1 | 微咸水河流 | 5 | 5 580 | 3 | 陕北内流区、无定河流域 |
| 2 | 微咸水湖泊 | 7 | 81 | 3 | 陕北内流区的定边、神木、靖边 |

　　根据《陕西省第三次水资源调查评价》,陕西省地下微咸水主要分布在关中和陕北地区,其中关中地区地下微咸水主要分布在咸阳至潼关北岸以及赤水至潼关南岸,该区域地势平坦、低洼、堆积物颗粒较细,地下水径流缓慢,以致停滞,潜水垂直交替强烈,水化学的形成以浓缩为主,矿化度普遍高于 3 g/L。咸阳至潼关北岸的大荔—固市一线以北至盐池注、卤泊滩部分地区,矿化度更是超过 10 g/L。此外,受三门峡库区渭河河床淤高影响,潼关以西潜水也受到一定的壅水作用,使水中盐分加速积聚形成盐渍。陕北地区地下微咸水主要分布在定边、盐滩等内流区,该区域地势低洼,地下水径流不畅,埋深浅,蒸发浓缩作用强烈,矿化度普遍大于 2 g/L,部分区域甚至超过 10 g/L。陕南汉中盆地地下水由于径流、排泄条件较为良好,水循环交替作用积极,水化学的形成主要为溶滤作用的结果,矿化度小于 1 g/L,全为淡水。

　　根据相关资料,陕西省微咸水资源量约 8.93 亿 m³,其中地表微咸水资源量 5.77 亿m³(河流微咸水 0.82 亿 m³、湖泊微咸水 4.95 亿 m³),地下微咸水资源量 3.16 亿 m³。陕西省平原区地下水微咸水分布面积统计见表 4-7,陕西省微咸水资源量统计见表 4-8,陕西省平原区浅层地下水矿化度分布见图 4-3。

表 4-7　陕西省平原区地下水微咸水分布面积统计　　　　　　　单位:km²

| 地级行政区 | 县级行政区 | 地下水矿化度分类面积 | | | |
|---|---|---|---|---|---|
| | | 合计 | 2 g/L<矿化度≤3 g/L | 3 g/L<矿化度≤5 g/L | 矿化度>5g/L |
| 西安市 | 阎良区 | 83.5 | 72.2 | 11.3 | 0 |
| | 临潼区 | 145 | 125.3 | 19.7 | 0 |
| | 高陵区 | 177.6 | 153.5 | 24.1 | 0 |
| 咸阳市 | 三原县 | 219.8 | 219.8 | 0 | 0 |
| | 泾阳县 | 202 | 202 | 0 | 0 |

续表 4-7                          单位:km$^2$

| 地级行政区 | 县级行政区 | 地下水矿化度分类面积 | | | |
|---|---|---|---|---|---|
| | | 合计 | 2 g/L<矿化度≤3 g/L | 3 g/L<矿化度≤5 g/L | 矿化度>5g/L |
| 渭南市 | 大荔县 | 410.2 | 0 | 288.3 | 121.9 |
| | 合阳县 | 164.8 | 0 | 72 | 92.8 |
| | 澄城县 | 166.9 | 0 | 53 | 113.9 |
| | 蒲城县 | 139.9 | 0 | 118.6 | 21.3 |
| | 富平县 | 53.4 | 0 | 53.4 | 0 |
| 榆林市 | 榆阳区 | 112 | 112 | 0 | 0 |
| | 靖边县 | 156 | 156 | 0 | 0 |
| | 定边县 | 950 | 350 | 250 | 350 |
| 合计 | | 2 981.1 | 1 390.8 | 890.4 | 699.9 |

表 4-8   陕西省微咸水资源量统计             单位:亿 m$^3$

| 类型 | 地表微咸水 | | | 地下微咸水 | 微咸水资源量 |
|---|---|---|---|---|---|
| | 河流微咸水 | 湖泊微咸水 | 小计 | | |
| 数量 | 0.82 | 4.95 | 5.77 | 3.16 | 8.93 |

#### 4.1.3.2 微咸水利用技术可行性

微咸水利用最早始于 1593 年,当时主要利用蒸馏的方法获得淡水,之后人们开始研究各种微咸水淡化方法。近代以来,以色列、美国、意大利等国家对微咸水进行了深入研究,取得了一系列成果。1960 年世界上第一座日产水量 50 m$^3$/d 的微咸水淡化厂在阿联酋建成,标志着微咸水利用正式进入规模化。此后,大部分沿海国家都积极开展微咸水淡化技术研究,1989 年美国日产水量 27.3 万 m$^3$/d 的 Yuma 淡化厂建成,成为世界上最大的微咸水反渗透淡化厂。以色列的 ASHDOD 则建成了全球最大的低温多效淡化装置,日产水量 1.9 万 m$^3$/d。阿联酋建设的日产水量 32.8 万 m$^3$/d 的多级闪蒸(MSF)微咸水淡化装置,成为多级闪蒸微咸水淡化装置世界第一。

我国利用微咸水灌溉已有较长历史,自 20 世纪 50 年代以来,国内相关学者对微咸水灌溉对土壤物理和化学性质的影响、对作物产量和品质的影响以及微咸水灌溉方式、灌溉制度等进行了研究,宁夏、甘肃、内蒙古、新疆、河南、河北、山东、辽宁以及陕西等地开展了微咸水灌溉的试验和生产实践,河北、山东等地还曾在微咸水养殖方面进行了有益尝试。大量的研究与实践使得微咸水在农业发展方面利用成为可能。此外,为解决水资源紧缺问题,20 世纪中期我国开始对微咸水淡化技术进行系统研究,50 年代主要研究电渗析法,60 年代开始研究反渗透技术,70 年代研制陆用蒸馏淡化装置,80 年代建成工业电厂用水

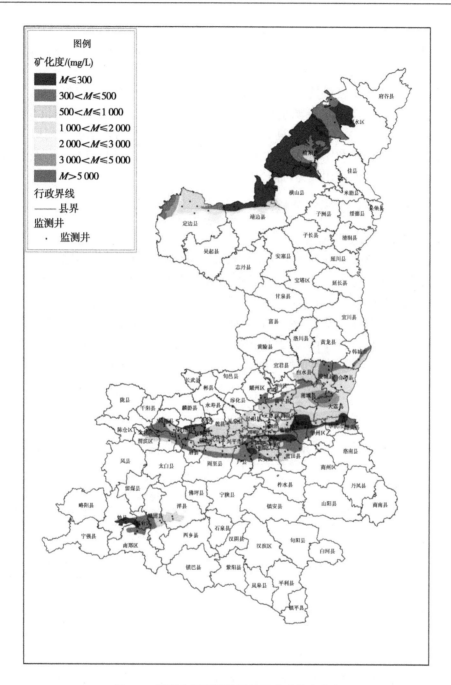

**图 4-3 陕西省平原区浅层地下水矿化度分布**

的多级闪蒸装置。自 20 世纪 90 年代起,随着微咸水淡化技术的日益成熟以及用水矛盾日益凸显,国内微咸水淡化市场逐渐形成,2009 年日产水量 10 万 $m^3/d$,远期 15 万 $m^3/d$ 的天津大港新泉微咸水淡化工程成为亚洲最大的微咸水淡化厂。目前国内淡化的微咸水在电力、石化、化工等领域得到广泛应用,近年来随着微咸水淡化技术的不断进步,淡化成本逐年降低,甘肃、宁夏及陕西省内的西安、临潼等缺水地区建设了多座以人畜饮水为主的微咸水利用工程。通过长期不懈的研究及实践,微咸水利用在生活、生产方面取得的大量成果为进一步推动微咸水资源化利用奠定了基础,使微咸水成为常规水资源有益补充成为可能。

陕西省微咸水资源分布具有一定的地域性特性(主要分布在内流区、无定河流域和关中渭北地区),而且微咸水资源量相对较大(8.93 亿 $m^3$)。经过半个多世纪的科学研究,微咸水利用技术已基本上能够满足各种回用要求,同时国内外微咸水利用工程,特别是陕西省内已有微咸水利用项目的建成运行,为微咸水当地化利用进行了有益尝试,使陕西省进一步加大微咸水利用成为可能。

### 4.1.4　矿井疏干水可行性分析

#### 4.1.4.1　矿井疏干水量及分布

矿井疏干水是在煤矿开采中由大气降水、地表水和地下水等汇入采掘面形成的水,矿井疏干水不仅与煤矿分布高度一致,而且水量与煤炭开采量也有密切关系,要了解矿井疏干水资源量及分布情况,必须先了解陕西省煤炭资源量与分布情况。

陕西省是我国仅次于新疆、内蒙古、山西的第四大煤炭资源大省,全省 71 个县区含煤面积约 5.7 万 $km^2$,占全省面积的 28%,煤炭资源分布总体呈南贫北富(见表 4-9)。截至 2018 年年底,全省查明的煤炭资源储量 1 725 亿 t,保有资源量 1 716 亿 t,查明的资源分布面积约 3.97 万 $km^2$。

表 4-9　陕西煤炭资源量及分布

| 煤田 | 面积/$km^2$ | 资源量/亿 t | 分布 |
|---|---|---|---|
| 渭北石炭二叠纪煤田 | 10 000 | 70 | 韩城、合阳、澄县、蒲城、白水、铜川 |
| 黄陇侏罗纪煤田 | 11 000 | 164 | 黄陵、铜川、耀州区、旬邑、淳化、彬县、长武、永寿、麟游、千阳、陇县、凤翔 |
| 陕北侏罗纪煤田 | 27 000 | 1 400 | 府谷、神木、榆林、横山、靖边、定边 |
| 陕北石炭二叠纪煤田 | 1 700 | 62 | 府谷、佳县、吴堡 |
| 陕北三叠纪煤田 | 4 600 | 16 | 延安、子长、安塞、横山 |
| 其他 | 2 700 | 13 | 洛南、商州、镇巴 |
| 合计 | 57 000 | 1 725 | |

陕西省煤田资源主要有渭北的石炭二叠纪煤田和黄陇侏罗纪煤田,陕北的侏罗纪煤田、石炭二叠纪煤田、石炭二叠纪煤田等 5 大煤田,其中渭北石炭二叠纪煤田分布于韩城、合阳、澄县、蒲城、白水、铜川,煤炭资源量 70 亿 t,约占全省煤炭资源总量的 4.06%;黄陇侏罗纪煤田分布于黄陵、铜川、耀州区县、旬邑、淳化、彬县、长武、永寿、麟游、千阳、陇县、凤翔,煤炭资源量 164 亿 t,约占全省煤炭资源总量的 9.51%;陕北侏罗纪煤田分布于府谷、神木、榆林、横山、靖边、定边,煤炭资源量 1 400 亿 t,约占全省煤炭资源总量的 81.16%。陕北石炭二叠纪煤田分布于府谷、佳县、吴堡,煤炭资源量 62 亿 t,约占全省煤炭资源总量的 3.59%。陕北三叠纪煤田分布于延安、子长、安塞、横山,煤炭资源量 16 亿

t,约占全省煤炭资源总量的 0.93%,5 大煤田资源量占到全省资源总量的 99.9%。陕南煤炭资源贫乏,仅在洛南、商州、镇巴等地区分布有古生代、中生代的小型煤田或含煤区。

根据榆阳区矿井疏干水现状排放(2020 年)情况及相关研究可知,陕西省的矿山开采中每开采 1 t 煤,可产生 0.87~1.52 t 的疏干水,其中矿井自用水量占 10%~20%,其余水量外排。根据陕西省发改委相关统计资料,2020 年陕西省煤炭开采量 6.79 亿 t,按此估算,全省每年因煤炭开采产生的疏干水 6 亿~10 亿 m³,扣除矿井自用外,每年仍有 4.8 亿~9 亿 m³ 的疏干水未有效利用而直接排放,开发利用潜力巨大。

#### 4.1.4.2　矿井水利用技术可行性

国外矿井疏干水利用研究最早始于 20 世纪 40 年代,美国、英国、德国、俄罗斯等煤炭产量大国结合各自开采工艺和水资源状况,对矿井疏干水处理的混凝、沉淀、过滤等常规工艺和反渗透、纳滤等先进的膜处理工艺以及人工湿地、可渗透反应墙、缺氧石灰沟等低成本、低能耗的被动处理技术进行了研究,取得了丰硕的成果,积累了大量经验。

我国煤矿疏干水处理和利用起步较晚,20 世纪 60 年代我国与英国、日本等国家的交往增多,煤矿开采技术有了新的发展,水处理技术也逐步提高。1968 年北京给水排水设计院与北京煤矿设计院在大台煤矿进行了井下排水净化后供给生活饮用水的试验研究。自 20 世纪 70 年代起,国内学者结合我国煤矿疏干水排放量大、悬浮物和可溶性无机盐超标、污染物含量少、毒性小等特点,对煤矿水处理技术和方法进行全面研究。其中针对疏干水中悬浮物含量高的特点,对混凝、过滤、消毒等处理工艺进行了研究;针对高矿化度的特点,对电渗析、反渗透等膜处理工艺进行了研究;针对部分矿井疏干水水质呈酸性的特点,对中和法、生物化学处理法、人工湿地法等处理工艺进行了研究;针对矿井疏干水中氟化物、铁、锰及其他重金属等特殊污染物,对活性氧化铝吸附法、钙盐沉淀法、电凝聚法等处理工艺进行深入研究。同时随着矿井疏干水处理技术的不断进步,20 世纪 80 年代以后,国内的大同、平顶山、徐州、淮北等矿区纷纷建立了煤矿疏干水处理净化站,推动了矿井疏干水处理技术在国内的实践应用,也为煤矿疏干水资源利用大规模推广应用积累了经验,陕西省各大煤矿也纷纷建立了矿井疏干水处理回用设施,为当地矿井疏干水处理进行了有益尝试。因此,煤矿疏干水利用在技术上具备一定的可行性。

陕西省作为煤炭资源大省,矿井疏干水资源量及每年因矿井开采的水量均较大,每年未有效利用而直接排放的水量高达 4.8 亿~9 亿 m³,充足的水量为矿井疏干水的开发利用奠定了基础。同时不仅国内外长期以来对矿井利用水的相关研究及实践经验可为全省矿井疏干水利用提供技术支撑,陕西省各大煤矿建设的矿井疏干水处理回用项目,更是进一步为当地矿井疏干水处理回用进行了尝试,为全省全面开展矿井疏干水利用积累了当地经验。综上所述,陕西省矿井疏干水利用无论在水量方面还是技术方面均具有一定的可行性,具备全面利用的可能。

# 4.2　潜力分析

## 4.2.1　需水潜力分析

陕西省再生水、雨水、微咸水、矿井疏干水等非常规水资源主要回用于除城镇生活用水之外的农业灌溉、工业用水、农村饮水、生态环境等方面。非常规水源利用需水潜力分析主要分析经济社会发展对非常规水资源的需求。鉴于目前陕西省非常规水资源在回用方面未向城镇生活供水,因此非常规水资源利用需求潜力主要为规划水平年除城镇生活用水之外的供需缺口。

2021年6月,陕西省水利厅组织编制了《陕西省"十四五"水利发展专业规划之八——水资源开发利用保护规划》(以下简称《水资源开发利用保护规划》),分析了"十四五"期间全省水资源供需平衡,得到在用水总量控制指标的约束下,2025年新增引汉济渭、榆林引黄、延安引黄、渭南抽黄、禹门口抽黄、王瑶水库扩容、恒河水库、洞河水库、普华水库等供水工程后,全省除城镇生活外仍缺水 11.32 亿 m³。非常规水资源作为常规水源的重要补充,对于缓解水资源供需矛盾,提高区域水资源配置效率和利用效益等方面具有重要作用,因此需求潜力巨大。

从各行业及各地市非常规水资源需水潜力分析结果(见表4-10、图4-4、图4-5)来看,农业灌溉需水潜力最大,为9.07亿 m³,占总需水潜力 80%,其中渭南市农业需水潜力最大,为4.84亿 m³,其次为榆林市为 1.97 亿 m³,延安、咸阳、西安农业需水潜力为 0.54 亿~0.80亿 m³,其余地市除铜川需水潜力达到 0.11 亿 m³ 外,其他地市农业需水潜力仅有二三百万立方米,潜力较小。工业需水潜力仅次于农业,总需水潜力为 1.7 亿 m³,其中榆林市工业需水潜力为 0.67 亿 m³,占工业需水潜力的 39.74%,渭南、延安、西安工业需水潜力次之,为 0.23 亿~0.40 亿 m³,其余地市工业供需水基本上达到平衡,需水潜力很小。生态环境和农村生活需水潜力相对较小,分别为 0.46 亿 m³ 和 0.13 亿 m³。生态环境需水潜力方面,西安、渭南、榆林、咸阳生态环境需水潜力均超过500万 m³,其余地市生态环境需水潜力较小。农村生活需水潜力方面,延安、渭南、宝鸡农村生活需水潜力相对较大,均达 100 万 m³ 以上,延安更是达到了 650 万 m³,其余地市农村生活需水潜力均较小,榆林、杨凌、安康、汉中等地市均小于 15 万 m³,铜川市农村生活需水潜力为 0。

表4-10　陕西省各地市及各行业非常规水资源需水潜力分析成果　　单位:万 m³

| 行政区 | 生活 | | 生产 | | 生态 | 合计 |
|---|---|---|---|---|---|---|
| | 城镇 | 农村 | 农业 | 工业 | | |
| 榆林 | 0 | 12 | 19 686 | 6 744 | 582 | 27 024 |
| 延安 | 0 | 650 | 6 861 | 2 428 | 508 | 10 447 |
| 陕北 | 0 | 662 | 26 547 | 9 172 | 1 090 | 37 471 |
| 渭南 | 0 | 223 | 48 359 | 3 904 | 857 | 53 343 |
| 咸阳 | 0 | 47 | 5 415 | 323 | 527 | 6 312 |
| 杨凌 | 0 | 7 | 364 | 30 | 27 | 428 |
| 宝鸡 | 0 | 197 | 475 | 506 | 557 | 1 735 |
| 铜川 | 0 | 0 | 1 124 | 154 | 96 | 1 374 |

续表 4-10

| 行政区 | 生活 | | 生产 | | 生态 | 合计 |
|---|---|---|---|---|---|---|
| | 城镇 | 农村 | 农业 | 工业 | | |
| 西安 | 0 | 46 | 7 974 | 2 349 | 949 | 11 318 |
| 关中 | 0 | 520 | 63 711 | 7 266 | 3 013 | 74 510 |
| 商洛 | 0 | 78 | 0 | 128 | 154 | 285 |
| 安康 | 0 | 4 | 111 | 393 | 153 | 661 |
| 汉中 | 0 | 6 | 284 | 10 | 213 | 513 |
| 陕南 | 0 | 88 | 320 | 531 | 520 | 1 459 |
| 合计 | 0 | 1 270 | 90 653 | 16 969 | 4 623 | 113 440 |

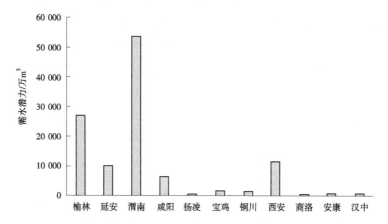

图 4-4　各地市非常规水资源需水潜力

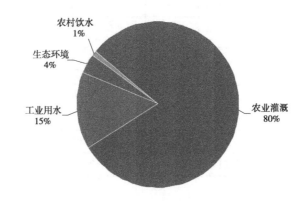

图 4-5　各行业非常规水资源需水潜力

总体来看,渭南、榆林、西安、延安是未来非常规水资源利用需水潜力较大的地区,农业和工业是未来非常规水资源利用需水潜力最大的两个行业,农村生活虽然需水潜力有限,但因农村饮水重要性大,因此农村饮水也是今后非常规水资源利用的重要方向。

## 4.2.2 供水潜力分析

### 4.2.2.1 再生水供水潜力分析

根据《水资源开发利用保护规划》,2025 年陕西省城镇生活用水量将达到 21.41 亿 $m^3$,按此估算城镇污水排放量将达到 17.13 亿 $m^3$。根据+部门联合发布的《关于推进污水资源化利用的指导意见》,全国地级以上缺水城市再生水利用率达到 75% 以上,结合《陕西省"十四五"水利发展专业规划之九——节水型社会建设规划》及全省"十四五"总量控制目标中非常规水利用量不低于 5 亿 $m^3$ 的要求,关中、陕北再生水利用率按 25%,陕南再生水利用率按 10%",估算 2025 年全省再生水供水潜力为 3.66 亿 $m^3$,西安市因人口总量高达 1 300 万,城镇生活用水量、排水量均居全省之最,因此西安市再生水供水潜力最大为 1.77 亿 $m^3$,约占再生水供水潜力的一半;关中地区的咸阳、宝鸡、渭南也因人口众多,再生水供水潜力均在 3 400 万 $m^3$ 以上;陕北、陕南地区人口相对较少,再生水供水潜力相对较小。陕西省 2025 年各地市再生水供水潜力见表 4-11。

表 4-11  陕西省 2025 年各地市再生水供水潜力统计  单位:万 $m^3$

| 序号 | 行政区 | 城镇生活及工业用水量 | 污水排放量 | 再生水供水潜力 |
|---|---|---|---|---|
| 1 | 榆林 | 15 213 | 12 170 | 2 890 |
| 2 | 延安 | 8 574 | 6 859 | 1 629 |
| 3 | 陕北 | 23 787 | 19 029 | 4 519 |
| 4 | 渭南 | 18 388 | 14 710 | 3 494 |
| 5 | 咸阳 | 20 174 | 16 139 | 3 833 |
| 6 | 杨凌 | 1 170 | 936 | 222 |
| 7 | 宝鸡 | 17 931 | 14 345 | 3 407 |
| 8 | 铜川 | 3 165 | 2 532 | 601 |
| 9 | 西安 | 93 228 | 74 582 | 17 713 |
| 10 | 关中 | 154 056 | 123 244 | 29 270 |
| 11 | 商洛 | 10 588 | 8 470 | 805 |
| 12 | 安康 | 11 808 | 9 446 | 897 |
| 13 | 汉中 | 13 921 | 11 137 | 1 058 |
| 14 | 陕南 | 36 317 | 29 053 | 2 760 |
| 15 | 合计 | 214 160 | 171 328 | 36 549 |

### 4.2.2.2 雨水供水潜力分析

目前雨水已逐渐成为城市生态环境、农业灌溉、河湖补水的重要水源,本次雨水供水潜力主要对陕西省主要城市雨水供水潜力进行了分析。

城市雨水供水潜力受城区气候条件、降雨量在不同季节分配、城市绿地、不透水面积的大小、初期雨水弃流等因素影响。本次城市雨水利用潜力分析参考相关资料,采用式(4-1)进行估算:

$$Q = \varphi\alpha\beta AH \tag{4-1}$$

式中:$Q$ 为雨水供水潜力;$\varphi$ 为综合径流系数,可通过对各汇流单元的径流系数加权平均求得;$\alpha$ 为季节折减系数,其数值等于汛期平均降水量/年平均降水量;$\beta$ 为初期气流系数,$\beta=1-$初期雨量×年均降雨次数/年均降雨量;$A$ 为集雨面积;$H$ 为年平均降雨量。

根据式(4-1)估算陕西省主要城市雨水供水潜力为 2.06 亿 $m^3$,其中西安市因建成区面积大,城市雨水供水潜力高达 1.04 亿 $m^3$,占雨水供水潜力的一半,是全省雨水供水潜力最大的城市。汉中、安康及宝鸡市因降雨量较大或建成区面积相对较大,城市雨水供水潜力均大于 1 000 万 $m^3$,其余城市要么因降水量小,要么因建成区面积小,使得城市雨水供水潜力较小。陕西省主要城市雨水供水潜力计算成果见表 4-12。

表 4-12 陕西省主要城市雨水供水潜力计算成果

| 行政区 | 降雨量/mm | 建成区面积/km² | 绿地率/% | 综合径流系数 | 季节折减系数 | 初期弃流 | 雨水供水潜力/万 m³ |
|---|---|---|---|---|---|---|---|
| 榆林市 | 410.6 | 78.38 | 34.75 | 0.64 | 0.72 | 0.87 | 843 |
| 神木市 | 441.9 | 29.80 | 36.03 | 0.63 | 0.72 | 0.87 | 333 |
| 延安市 | 512.2 | 41.00 | 37.68 | 0.62 | 0.72 | 0.87 | 507 |
| 子长市 | 514.7 | 11.00 | 36.37 | 0.63 | 0.72 | 0.87 | 142 |
| 陕北 | — | 160.18 | — | — | — | — | 1 825 |
| 渭南市 | 586.2 | 68.29 | 35.45 | 0.63 | 0.61 | 0.87 | 871 |
| 韩城市 | 606.7 | 18.20 | 34.81 | 0.64 | 0.61 | 0.87 | 244 |
| 华阴市 | 596.5 | 18.00 | 32.98 | 0.65 | 0.61 | 0.87 | 250 |
| 咸阳市 | 559.4 | 74.68 | 34.51 | 0.64 | 0.61 | 0.87 | 932 |
| 彬州市 | 540.2 | 9.53 | 37.37 | 0.62 | 0.61 | 0.87 | 106 |
| 兴平市 | 584.7 | 22.89 | 31.38 | 0.66 | 0.61 | 0.87 | 325 |
| 杨凌区 | 461 | 24.35 | 35.06 | 0.64 | 0.61 | 0.87 | 247 |
| 宝鸡市 | 681.1 | 97.94 | 38.17 | 0.61 | 0.61 | 0.87 | 1 346 |
| 铜川市 | 586.4 | 48.85 | 35.97 | 0.63 | 0.61 | 0.87 | 614 |
| 西安市 | 741.5 | 700.69 | 38.51 | 0.61 | 0.61 | 0.87 | 10 378 |
| 关中 | — | 1 083.42 | — | — | — | — | 15 313 |
| 商洛市 | 774.7 | 26.00 | 35.06 | 0.64 | 0.82 | 0.87 | 598 |
| 安康市 | 906.3 | 45.00 | 37.11 | 0.62 | 0.82 | 0.87 | 1 143 |
| 汉中市 | 974.9 | 57.60 | 33.67 | 0.65 | 0.82 | 0.87 | 1 730 |
| 陕南 | — | 128.6 | — | — | — | — | 3 471 |
| 合计 | — | 1 372.20 | | | | | 20 609 |

### 4.2.2.3 微咸水供水潜力分析

根据相关研究成果,陕西省微咸水资源量约 8.93 亿 $m^3$,其中地表微咸水资源量 5.77 亿 $m^3$(河流微咸水资源量 0.82 亿 $m^3$、湖泊微咸水资源量 4.95 亿 $m^3$),地下微咸水资源量 3.16 亿 $m^3$。

考虑到河流微咸水主要分布于陕北内流区、无定河流域,因此河流微咸水供水潜力参考《陕西省第三次水资源调查评价报告》中无定河流域地表水资源可利用率(46.5%),估算河流微咸水供水潜力约 0.38 亿 $m^3$。由于湖泊微咸水大量开发利用可能会对湖泊生态环境造成严重影响,因此本次暂不考虑湖泊微咸水供水潜力。

地下水微咸水主要分布在西安、咸阳、渭南、榆林四个地市的 13 个区县,地下微咸水供水潜力参考《陕西省第三次水资源调查评价报告》中地下水资源量与地下水可利用量之间的关系,估算地下微咸水供水潜力约 1.69 亿 $m^3$。

根据以上计算,初步估算陕西省微咸水总供水潜力约 2.07 亿 $m^3$。陕西省微咸水供水潜力成果见表 4-13。

表 4-13　陕西省微咸水供水潜力成果　　　　　　单位:亿 $m^3$

| 类型 | 地表微咸水 | | 地下微咸水 | 合计 |
|---|---|---|---|---|
| | 河流微咸水 | 湖泊微咸水 | | |
| 资源量 | 0.82 | 4.95 | 3.16 | 8.93 |
| 供水潜力 | 0.38 | — | 1.69 | 2.07 |

### 4.2.2.4 矿井疏干水供水潜力分析

根据《陕西省统计年鉴》,2015 年全省煤炭产量为 5.12 亿 t,2020 年全省煤炭产量为 6.79 亿 t,年均增长 5.8%。按此估算 2025 年,全省煤炭产量将达到 9 亿 t。陕西省矿山开采中每开采 1 t 煤,可产生 0.87~1.52 t 的疏干水,估算 2025 年全省煤炭疏干水量为 7.83 亿~13.68 亿 $m^3$,扣除矿井井下除尘、道路浇洒等厂区杂用自用水量 20%~30% 外,矿井疏干水供水潜力为 5.48 亿~10.94 亿 $m^3$。

### 4.2.2.5 总供水潜力

根据上述各类型非常规水资源供水潜力计算成果,初步估算陕西省 2025 年非常规水资源供水潜力为 13.27 亿~18.73 亿 $m^3$,其中再生水供水潜力为 3.66 亿 $m^3$、雨水供水潜力为 2.06 亿 $m^3$、微咸水供水潜力为 2.07 亿 $m^3$、矿井疏干水供水潜力为 5.48 亿~10.94 亿 $m^3$。2025 年陕西省非常规水资源供水潜力汇总见表 4-14。

表 4-14　2025 年陕西省非常规水资源供水潜力汇总　　　　　　单位:亿 $m^3$

| 类型 | 再生水 | 雨水 | 微咸水 | 矿井疏干水 | 合计 |
|---|---|---|---|---|---|
| 供水潜力 | 3.66 | 2.06 | 2.07 | 5.48~10.94 | 13.27~18.73 |

## 4.3　小　结

根据非常规水资源需求潜力分析和供水潜力分析,随着陕西省经济社会高速发展以及最严格水资源管理制度的深入开展,全省经济社会发展用水矛盾将日益突出,经济社会对非常规水资源的需求日益增大,未来经济社会发展用水缺口高达 11.34 亿 $m^3$,将主要依靠非常规水资源来解决,经济社会发展对非常规水资源利用需求潜力巨大。同时经初步估算,全省再生水、雨水、微咸水及矿井疏干水等非常规水资源总供水潜力高达 13.27 亿~18.73 亿 $m^3$,是重要的经济社会发展供水水源,供水潜力巨大。

总之,陕西省非常规水资源具有较大的利用潜力,若能通过工程及非工程措施科学合理利用全省的非常规水资源,将极大地缓解水资源先天不足对经济社会发展的制约,进一步推动全省经济社会高质量发展。

# 5　非常规水资源利用对策研究

## 5.1　总体思路研究

　　以习近平新时代中国特色社会主义思想和习近平总书记来到陕西省考察重要讲话精神为统领,以中央及陕西省"十四五"规划和"二〇三五年"远景目标为指导,按照"节水优先、空间均衡、系统治理、两手发力"的治水思路和"以水定城、以水定地、以水定人、以水定产"的总原则,把水资源作为最大的刚性约束,紧紧围绕进一步提升陕西省再生水、雨水、微咸水、矿井疏干水等非常规水资源利用率、增大利用量这一核心,对陕西省内的非常规水资源开发利用状况进行摸底调查和典型剖析,深入、准确识别陕西省非常规水资源推行利用中存在的主要问题。提出加大非常规水资源利用的工程措施和政策制度、体制机制、利用模式、资金投入、队伍建设等应对策略。并以陕西省内一至两个典型地区(一市或一县)为重点研究对象,以资源量最大的再生水为重点,对典型地区的非常规水资源开发利用在政策、技术、机制、管理等方面存在的问题开展研究,进而针对各个方面的重点问题,有针对性地提出一套因地制宜、行之有效的非常规水资源利用的对策措施,为进一步加大非常规水资源利用、缓解地区缺水提供技术支撑,促进陕西省非常规水资源用水效率提升,为满足新时期非常规水资源管理、健全水安全保障体系、促进经济社会可持续发展和生态文明建设奠定基础,力争走到全国前列,为开启全面建设社会主义现代化新征程,奋力谱写陕西新时代追赶超越新篇章提供水资源保障。

## 5.2　工程对策研究

　　非常规水资源工程对策研究将在查阅文献的基础上,分门别类地对各种非常规水资源利用工程的类型(处理工艺)、适用条件、优缺点等进行归纳、整理,为不同地区不同类型的非常规水资源利用项目决策、规划、设计、建设等提供借鉴,从工程角度推动非常规水资源利用再上新台阶。

### 5.2.1　再生水回用工程措施研究

#### 5.2.1.1　利用方式研究

　　再生水利用对策从工程措施来看,主要有集中式污水处理再生回用工程和分散式污水处理再生回用工程两种类型。

　　1.集中式污水处理再生回用工程

　　集中式污水处理再生回用工程以市政污水处理回用工程为主,该工程通过建设污水收集管网,将各用水户排放的污水收集后,统一输送到污水处理厂(再生水厂)进行集中处理后回用,是目前各地市污水处理回用的主要工程措施,也是目前污水处理回用的主要工程形式。

集中式污水处理再生回用工程目前主要采用生化处理工艺,即在物理处理工艺的基础上,进一步利用微生物的代谢作用,使污水中溶解氧、胶体状态的有机污染物转化为稳定的无害物质。集中式污水处理再生回用工艺主要利用好氧微生物的好氧氧化作用去除污水中的有机物污染物。好氧法包括活性污泥法和生物膜法,活性污泥法是当前集中式污水处理再生水回用工艺中应用最为广泛的处理技术,活性污泥处理法中的氧化沟、间歇式活性污泥法以及 AB 法污水处理工艺因其处理效果显著而被广泛应用。

目前西安市和宝鸡市更是在集中式污水处理厂的基础上进一步组建了中水有限公司,负责全市污水处理回用商业化运行,有效推动了污水处理及再生水回用,使得西安市和宝鸡市成为全省再生水利用量最大的两个城市。

2. 分散式污水处理再生回用工程

分散式污水处理再生回用工艺主要用于污水收集管网尚未覆盖的企事业单位、工业园区、某一较小区域、农村等,出于回用目的或不便于集中处理而建设的小型污水处理再生回用工程。该类工程一般位于城市污水管网及再生水管网未覆盖区域,其工程规模相对较小,处理工艺相对简单。

分散式污水处理再生回用工程受原水水质、回用要求、运行维护条件等不同,处理工艺也较为多样。目前采用的工艺主要有厌氧、好氧生物处理技术、物理化学法、生态处理法等,厌氧、好氧生物处理技术主要有小型二级污水处理装置技术、无动力地埋式污水处理装置技术、膜生物反应器(MBR),物理化学法主要有混凝法和吸附法,生态处理法主要有人工湿地、稳定塘、渗滤和土地处理技术等。此外,生态滤池等新型污水生态化处理技术也逐渐进入实践。总体而言,目前全省膜生物反应器(MBR)、人工湿地、稳定塘等处理技术应用相对较多。

目前西安市的分散式污水处理再生回用工程相对较多,建设单位主要有以西安思源学院、西安科技大学、西北工业大学等为代表的大中专院校,以悦椿温泉酒店、爱琴海、陕西宾馆等为代表的酒店,以及以青岛啤酒西安汉斯集团、西安航空发动机集团有限公司、百事可乐等为代表的企事业单位,其他地市也建设有少量的分散式污水处理再生回用设施,总体上分散式污水处理再生回用设施在全省污水处理再生水回用工程中相对数量少,规模小。

### 5.2.1.2  使用条件及优缺点

1. 使用条件

1)集中式污水处理再生回用工程使用条件

集中式污水处理再生回用工程的选择与水质水量、经济状况等都有着密不可分的联系。集中式污水处理再生回用工程主要用于污水收集管网较为健全,污水处理量相对较大、较为集中的城镇或区域。

2)分散式污水处理再生回用工程使用条件

分散式污水处理再生回用工程一般用于污水量较小、收集及回用管网健全、建设用地有限以及污水处理后有就地回用要求的地区。

**2. 优缺点**

1）集中式污水处理再生回用工程优缺点

优点：一是采用集中式污水处理再生回用工程一般都有专门的管理机构负责工程的运行维护，能有效地管理和控制工程的正常运行，既有利于用户，也有利于环境保护。二是集中式污水处理再生回用工程处理的污水规模较大，使得在单位水量投资和运行费方面较小型污水处理厂有明显的优势。三是集中式污水处理再生回用工程相对复杂，出水水质总体上优于分散式污水处理再生回用工艺。

缺点：一是集中式污水处理再生回用工程服务范围大、人口多、处理水量大，建设占地面积较大，致使老市区污水处理厂选址、改扩建等非常困难，拆迁工作量巨大。二是集中式污水处理再生回用工程需要建设污水收集管网、中间提升泵站等工程，导致工程投资增加。一般大型污水处理厂总投资约为工程直接投资的2~3倍。三是集中式污水处理再生回用工艺由于耗资巨大，资金筹措难度加大，工程建设周期较长，不可预见因素较多。

2）分散式污水处理再生回用工程优缺点

优点：一是分散式污水处理再生回用处理工艺相对简单、处理规模较小，工程占地较少，不需要占用大量的土地。二是工程投资较小，资金压力轻，建设一个小型的污水处理设施完全可以由企事业单位自行承担。三是能很好地缓解新增污水量的压力，大型污水处理厂建设周期漫长，改造难度大，分散式污水处理系统由于其特性，可以在城镇扩大规模的情况下直接新建一些小型污水处理设施并入系统中，且不会给系统增加额外压力。四是便于技术优化，由于工程是分散式的，小范围内改造不会造成重大影响，可在一个时间段内逐步进行技术升级，保持技术先进性。五是具有较高的抗冲击负荷能力，每个小型污水处理设施作为整个分散污水处理系统的一个节点，都具有较强的平衡调节能力，对水质和水量都有一定的抗负荷能力。六是覆盖面广，没有死角，可覆盖整个城镇。七是无须建设大规模的再生水回用管网即可实现回用，有利于污水处理再生水回用。

缺点：一是管理不便。分散式污水处理再生回用设施一般由企事业单位自行建设、运行管理，可能会有个别企事业单位因缺乏专业的运行管理人员，致使工程运行维护往往不能按照相关要求执行，加之该类工程分布较为分散，也不便于行业主管部门的日常监督管理。二是处理成本较高。虽然分散式污水处理再生回用工艺工程投资相对集中式污水处理再生回用工艺小，但由于其处理规模有限，致使后期运行成本远大于集中式污水处理再生回用工艺。三是出水水质相对较低。分散式污水处理再生回用工艺一般较为简单，出水水质总体上低于集中式污水处理再生回用工艺。

集中式污水处理再生回用工艺与分散式污水处理再生回用工艺各有特点，具体到某个项目中应结合服务对象的排水量、排水水质、收集及回用管网建设要求、资金筹措及来源等，因地制宜、因水制宜、因用制宜地选择相应的再生水回用工程措施。结合陕西省实际情况，在全省各地市、区县城区以及个别人口较多、污水相对集中、水量较大的乡镇，重点考虑采用集中式污水处理再生回用工艺。在工业园区，大中专院校、排水量较大的洗浴场所、游泳馆、酒店、大型厂矿、企事业单位以及医院、电镀、印染等向水体排放含病菌、腐蚀性物质等污染物的单位，重点考虑建设分散式污水处理再生回用工程。此外，农村人口聚集度低,污水比较分散且排水量小,更适合建设分散式污水处理再生回用设施。

## 5.2.2 雨水利用工程措施研究

### 5.2.2.1 雨水利用工程形式

所谓雨水资源的利用,是指对雨水进行拦蓄,再储存,最后满足用水需求。雨水利用工程形式主要分为流域雨水利用工程和片区雨水利用工程两大类别。

1. 流域雨水利用工程

流域雨水利用工程是从流域角度出发,建设的雨洪调蓄利用工程。主要包括为实现雨水资源化利用而实施的水库扩容工程;为实现雨水资源化利用而建设的以拦蓄雨水为目的的雨洪调蓄水库工程;以分洪、滞洪为主要目的,兼顾雨水资源化利用的蓄滞洪工程;为充分发挥地下含水层、岩石裂隙或溶洞等良好的储水功能,结合雨洪资源化利用要求而建设的地下水库工程等。

2. 片区雨水利用工程

片区雨水利用工程主要是为解决一定范围内生活生产及生态环境用水问题而实施的雨窖、涝池、坑塘、陂塘、雨水收集池等小型雨水利用工程,如陕西省渭北和陕北地区较为普遍的雨窖、涝池。此外,近年来全国范围内开展的海绵城市建设工程是片区雨水资源在城区利用的主要形式,该类工程主要通过建设透水铺装、雨水花园、下沉式绿地、雨水收集池等工程措施实现雨水的"渗、滞、蓄、净、用、排"。

### 5.2.2.2 使用条件及优缺点

1. 使用条件

1) 流域雨水利用工程使用条件

流域雨水利用工程主要是从流域尺度出发对雨洪资源利用统筹考虑,流域雨水利用工程中的水库扩容工程主要适用于流域水资源开发利用程度较低、雨洪资源丰沛且具备扩容条件的水库;雨洪调蓄水库工程主要适用于流域降水分布不均、径流年内年际变化大且具备建设水库有利地形的河流、沟道等区域;蓄滞洪工程是平原地区雨洪调蓄及利用的主要工程措施,该工程一般适用于河流附近有大型的地势低洼地区且征地拆迁难度相对较小的地区;地下水库工程适用于山前洪积扇、古河道等具有高透水性、高孔隙率的含水层和不透水黏土层的地区。

2) 片区雨水利用工程使用条件

片区雨水利用工程主要适用于某一较小区域雨水资源利用,片区雨洪利用工程中雨窖规模较小,一般用于一家一户屋面、庭院等较小汇流区域雨水收集利用。雨水收集池、涝池、坑塘、陂塘一般集雨面积相对较大,规模也大于雨窖,容积一般从几十立方米到几万立方米不等,适用于汇水面积相对较大的片区雨水收集利用。

2. 优缺点

1) 流域雨水利用工程优缺点

优点:一是流域雨水利用工程规模一般都比较大,雨洪利用量较大。二是单方成本较低,特别是利用现有水库进行扩容的工程,单方成本将更具优势。三是工程相对集中,便于运行管理。四是工程规模较大,对于改善区域气候条件、生态环境效果明显,部分工程还可兼顾休闲、旅游、游憩等功能,进一步提升地区生活品位。

缺点:一是受工程规模较大的影响,单体工程投资相对较高,资金筹措压力大。二是增加了水库汛期调度运行难度,当过多地考虑加大雨水利用时,往往会影响防洪功能的正常发挥,带来防洪安全隐患。三是减少了洪水下泄,造成水库和下游河床的淤积,不利于水库、河道的冲淤平衡。四是工程占地大,协调难度相对较大。五是通过地下水库调蓄的雨水利用时须要打井抽水,增加了工程运行成本。

2)片区雨水利用工程优缺点

优点:一是工程灵活性较高,基本不受地域限制。二是工程建设难度低、投资小,既可由群众或村组自建,也可由国家统一建设。三是占地小,回用方便,更有利于就地回用。四是在实现雨水收集利用的同时,还能缓解区域内涝,提升区域除涝等级。

缺点:一是收集、处理工艺简单,水质难以得到保障,特别是人畜饮水的相关项目,水质往往难以达到相关要求。二是工程较为分散,不利于后期运行管理。三是规模小,供水保证率较低,难以显著改善地区缺水问题。

结合陕西省的雨洪特性及不同类型雨水利用工程的使用条件和优缺点,陕南地区降水丰沛,植被良好,水库淤积程度较轻,应重点结合现有水库的具体情况,积极实施水库扩容工程和雨洪调蓄水库工程;关中地区秦岭北麓雨洪资源相对丰沛,各峪口建库条件相对较好,可考虑建设雨洪调蓄工程;秦岭北麓山前洪积扇地区、石川河流域等具有高透水性、高孔隙率含水层和不透水黏土层的地区,可考虑建设地下水库工程。同时关中地区还可结合渭河生态区建设、黄河小北干流治理等工程,进一步新建或利用蓄滞洪工程加大雨水利用。陕北地区雨洪资源含沙量较大,可结合淤地坝工程加大雨水资源利用。

在水利工程难以覆盖的偏远乡村,应重点考虑建设雨窖工程加大雨水资源化利用,缓解生活生产用水问题。对于收集雨水面积相对较大,且具有一定的用地空间地区,可考虑建设雨水收集池、涝池、坑塘、陂塘等工程。对于用地紧张,难以建设雨水收集利用设施的地区,可考虑采用透水铺装、下沉式绿地、雨水花园等形式,增加雨水就地入渗利用。

## 5.2.3 微咸水利用工程措施研究

### 5.2.3.1 利用方式研究

微咸水利用工程主要分为直接利用和淡化后利用两种形式,直接利用指将微咸水直接用于生活、生产,如利用微咸水直接进行农业灌溉、利用微咸水进行水产养殖等。陕西省微咸水直接利用工程较少,仅在部分干旱年份有少量利用微咸水直接灌溉的实例。微咸水淡化利用工程是微咸水利用工程实例中采用最多的利用方式,也是目前陕西省微咸水利用的主要方式,本次主要对微咸水淡化利用工程利用方式进行研究。

微咸水淡化利用工程采用的方式主要有热分离、膜分离、化学分离三种,其中热分离,即蒸馏法,指的是将微咸水加热蒸发,并将蒸汽冷凝成淡水的过程。蒸馏法主要有多级闪蒸、多效蒸馏、压气蒸馏、增湿-去湿。膜分离是利用隔膜使溶剂(通常是水)同溶质或微粒分离的一种技术。膜分离法主要有电渗析、正渗透、反渗透、超滤、纳滤、微滤等。化学方法是利用化学反应进行溶剂和溶质分离的技术,化学分离法主要包括水合物法、离子交换法、冷冻法等。水合物法所产淡水水质较差,离子交换法制水成本较高,冷冻法由于冰晶的洗涤和分离较困难导致装置复杂、运行可靠性不高。因此,化学法在微咸水淡化中受到限制,难以大规模使用。目前投入商业运行的主要是蒸馏法和膜分离法。

### 5.2.3.2 使用条件及优缺点

1. 使用条件

1) 蒸馏法使用条件

蒸馏法是将微咸水加热蒸发,并将蒸汽冷凝成淡水的过程。因此,蒸馏法耗能较大,适用于燃料价格较低或太阳能资源丰富的地区,同时蒸馏法对于高盐度微咸水处理效率较高,且处理规模相对较大。

2) 膜分离法使用条件

膜分离法是低盐度微咸水处理的首选,特别是在能源受限的地区更适合采用膜分离法进行微咸水处理。膜分离法中的电渗析法投资及维护费用较低,适合经济不发达地区的微咸水淡化;反渗透和纳滤适合经济稍发达地区采用。

蒸馏法和膜分离法是目前微咸水处理的两种最常用的方法,由于脱盐效率取决于微咸水的盐度和化学性质、工厂的规模及脱盐目标等,因此在选择适合特定条件的处理技术时,应充分了解每种技术的原理和特点,综合评估技术的优势和挑战,选用更加合理的处理工艺。

2. 优缺点

1) 蒸馏法

优点:淡化工艺较简单、对预处理要求低、不受进料盐度的限制、操作技术相对容易、传热效率高、所得出水(淡水)水质较为纯净。

缺点:在脱盐过程中,无法完全将水和离子物质进行分离,分离效率较低,而且对于大规模的生产,设备造价比较贵、能耗也高。在实际应用中,无论是运行成本,还是综合成本,均远高于其他的微咸水处理方式,因此缺乏竞争力。

2) 膜分离法

优点:膜分离法具有高水通量和高脱盐率、化学稳定性好、使用寿命长、抗生物污染、可使用压力及范围广泛、经济性好等优点,同时具有在常温下进行无相态变化、无化学变化、选择性好、适应性强、能耗低、淡化装置较为紧凑,占地面积小等优点。

缺点:膜分离法一般需要预处理,单方水能耗较高;淡化成本受到进水盐度的限制,盐度越高,渗透过程需要克服的渗透压越大,能耗就越大;对进水的要求较为严格,易污染结垢,且长时间的停运后膜元件需要特别的保养;直接产出的水往往还需根据使用目的的不同进行后处理。

总体而言,根据陕西省微咸水分布、地区资源特性,以及不同利用方式使用条件、优缺点,陕北的榆林地区煤炭、太阳能资源丰富,微咸水利用可重点考虑蒸馏法。西安、咸阳、渭南等地区能源成本较高、微咸水利用以人畜饮水为主,规模较小,可重点考虑膜分离技术。

### 5.2.4　矿井疏干水利用工程措施研究

#### 5.2.4.1　利用方式研究

矿井疏干水利用工程主要分为矿井疏干水自用工程和外供水工程两大类。

1. 矿井疏干水自用工程

矿井疏干水自用工程主要是将矿井疏干水按照一定的回用标准处理后,作为井下除尘、井下消防、黄泥灌浆、设备冷却、设备清洗、道路浇洒、绿化浇灌、生活饮用等厂区生活、生产用水。

2. 矿井疏干水外供水工程

矿井疏干水外供水工程是将矿井疏干水按照一定的回用标准处理后,向厂区以外区域的用户供水,主要有向电厂供给冷却、锅炉等用水,向选煤企业供给选煤洗煤用水,向附近热力站供给城镇供暖用水,向附近的城镇供给生活、生产、市政杂用等用水,向周边的工业企业、工业园区、能源化工基地等供给工业冷却及生产用水,向周边的农田供给灌溉用水,向附近的河流、湖池、人工水系等供给生态环境用水等。

#### 5.2.4.2　使用条件及优缺点

1. 使用条件

1) 矿井疏干水自用工程使用条件

煤矿开采中生活、生产不可避免地需要用水,目前各大煤矿按照最严格水资源管理制度及环境保护相关要求,均建设了矿井疏干水处理回用工程,使得矿井疏干水自用不仅适用于各大规划及生产运行的煤矿,而且也是各大煤矿必须优先使用的水源。

2) 矿井疏干水外供水工程使用条件

矿井疏干水外供水工程使用条件主要取决于矿井周边用水户的需求,总体来看,当矿井周边分布有火电站、余热发电、选煤洗煤企业、热力站、工业园区、能源化工基地等项目时,可考虑向其供给工业冷却、锅炉、供热等工业用水;当周边分布有城镇时,可考虑向其供给生活、生产及道路浇洒、园林绿化等用水;当矿井周边分布有农田时,可考虑向农田供给农业生产供水;当矿井周边分布有河流、湖池、人工水系时,可考虑向其补给生态环境补水。同时在水土流失区、生态脆弱区,还可考虑利用矿井疏干水进行水土流失治理、地表植被等生态环境的修复,改善区域生态环境状况。

2. 优缺点

1) 矿井疏干水自用工程优缺点

优点:矿井疏干水自用工程主要将矿井疏干水处理后就地利用,因此工程建成后不仅可以有效解决矿井生产中的用水问题,保障了矿井生产正常运行,而且还减少了生产中的水费开支,减少了外排水量,有利于水资源的节约。

缺点:矿井疏干水自用工程作为煤矿开采项目的配套工程,项目建设增加了项目建设资金,同时随着项目的建成运行,还需安排专人或机构负责工程的运行、管理及维修养护,增加了企业的开支。此外,矿井疏干水自用工程各种水处理构筑物、建筑物建设还需占用一定的项目用地。

2)矿井疏干水外供水工程优缺点

优点:矿井疏干水外供水工程作为周边用水户的供水水源,可以收取一定的供水费用,产生一定的经济效益。同时矿井疏干水外供水工程可进一步减少外排水量,不仅提高了水资源的利用率,而且减少了用水户对地表水、地下水的需求,减少了取用水对生态环境的影响。对于向周边生态环境供水的外供水工程,更是加快了区域生态环境的修复,促进了生态环境的良性发展。

缺点:受绝大多数矿井远离生活、工农业生产及生态环境用水区域,致使矿井疏干水外供水工程除了需要按照用户要求水质标准进行一定的处理外,往往还需要配套建设调节水库及供水管网,从而进一步使得供水成本增加,致使矿井疏干水外供水工程难以与用户所在地地表水、地下水供水工程进行竞争。

结合陕西省煤矿分布及水资源、生态环境保护相关要求,全省各大生产及规划煤矿均应建设矿井疏干水自用工程,满足生产用水需求。同时关中地区的矿井疏干水可配套建设调蓄水库工程,重点考虑向周边地区生活及工农业生产供水;陕北地区的矿井疏干水可配套建设调蓄水库工程,重点考虑向周边的工业园区、能源化工基地及水土保持、生态修复项目供水。

# 5.3　非工程对策研究

## 5.3.1　政策法规研究

### 5.3.1.1　健全法规体系建设

法规体系建设是保障非常规水资源利用的基础和依据,现有的法律法规对非常规水资源利用要求基本上以倡导、鼓励利用为主,同时除《中华人民共和国水法》(以下简称《水法》)中明确鼓励雨水和微咸水利用外,其他法规基本上仅对再生水利用提出要求,对雨水、微咸水以及矿井疏干水的利用缺乏相关规定。因此,为进一步加大陕西省非常规水资源利用,除了加快对《陕西省实施〈中华人民共和国水法〉办法》《陕西省城乡供水用水条例》等相关法规进行修编外,还需根据《水法》相关要求,结合陕西省实际情况,加快颁布《陕西省水资源管理条例》《陕西省节约用水条例》《陕西省污水处理及再生水利用条例》等地方性法律法规,进一步从法律法规层面对全省再生水、雨水、微咸水、矿井疏干水等非常规水资源利用提出要求,为进一步加大非常规水资源利用提供法律保障。

### 5.3.1.2　完善规章制度体系

规章制度是对法律法规的进一步细化,是推动非常规水资源利用政策落实的关键,国内非常规水资源利用工作开展较好的北京、天津等地区均建立了相对完善的法规制度体系。陕西省也以政府规章的形式颁布了《陕西省节约用水办法》,住建厅结合行业发展需要制定了《陕西省城市节约用水管理办法》。相关规章制度的颁布实施有效地促进了全省非常规水资源利用,但现有的规章制度基本上从节约用水角度对非常规水资源中的再生水利用做出了相关要求,对雨水、微咸水、矿井疏干水等利用未制定相关要求。为进一步加大全省非常规水资源利用,不仅应结合新时期水资源管理相关要求和全省水资源开发利用,特别是非常规水资源利用现状,加快对现有的规章制度进行修订,同时应积极编制《陕西省水资源利用管理办法》或进一步编制更有针对性的《陕西省非常规水资源利用管理办法》《陕西省雨水利用管理办法》等相关规章制度及《陕西省非常规水资源利用实施意见》等规范性文件,推动全省非常规水资源利用再上新台阶。

### 5.3.1.3　健全标准体系建设

目前虽然国家及各部委、省市制定了一系列再生水、雨水利用技术标准,但现有的技术标准体系仍需进一步完善。如尽快组织编制符合陕西省作物种类、习性,工业门类及用水要求,地下水超载区分布及湿陷性黄土特性,古树名木浇灌要求的再生水回用地方标准。雨水利用方面,制定符合当地实际的山区雨洪利用工程设计规范、城市雨洪利用工程设计规范、地下雨洪调蓄工程设计规范等地方标准。此外,还应加快微咸水、矿井疏干水利用工程地方技术规范、技术指南、技术规程和矿井疏干水利用水质标准的编制,为微咸水、矿井疏干水利用提供支撑。

## 5.3.2　机制体制研究

### 5.3.2.1　加强顶层设计

**1. 强化组织领导**

非常规水资源利用工作涉及水利、住建、发改、财政、生态环境、农业农村、自然资源等多个部门。为了有效推动相关工作开展,应加强组织领导,成立分管副省长为组长,水利、住建部门主要领导为副组长,发改、财政、审计、统计、科技、教育、工信、人社、商务、文旅、生态环境、农业农村、自然资源、广电等部门为成员的非常规水资源利用领导小组,负责统筹、协调、落实陕西省非常规水资源利用工作。领导小组办公室设在省水利厅,办公室主任由水利厅分管领导担任,领导小组办公室负责非常规水资源利用工作年度目标任务的制定、下达、监督、检查及年底考核等日常工作,定期召开非常规水资源利用工作推进会、调度会,了解工作进度并及时解决工作中存在的问题,同时将非常规水资源利用情况定期向主要领导汇报。成员单位按照职责分工,各司其职,密切协作,互相支持,形成合力,确保高质量按时完成相关工作。

**2. 明确目标责任**

以加大非常规水资源利用量、提高非常规水资源利用率为导向,一方面,分解、制定各地市年度目标任务,明确年度工作计划;另一方面,根据各部门工作职责,进一步梳理、制定各部门年度工作任务,明确各部门目标责任,压实工作,建立"人人肩上有担子,个个头上有压力"的目标责任体系。同时明确上下级政府之间、各部门之间的责权关系,避免在责任追究时无法落实到具体的部门或个人,而导致相互推诿责任的情况发生。

**3. 加强考核问责**

非常规水资源利用工作的深入全面开展有赖于强有力的考核制度,工作中应加强非常规水资源利用考核制度建立,用科学的考核方法,促进各项工作的全面开展。具体工作中首先将非常规水资源利用纳入上级政府对下级政府及省级各部门的年度考核,避免将非常规水资源利用工作作为水利行业内部考核。其次针对全省各地市非常规水资源量及类型不尽相同、经济社会发展水平存在差距的实际情况,注重差异化的绩效评价考核,切忌目标任务一刀切。同时考核中除了注重目标任务完成情况外,还应注重非常规水资源利用效益、效果和社会各界的评价,建立多方考核体系,增加考核的客观性和可信性。最后应建立岗位晋级、职称评定、资金下达与考核结果挂钩制度,除了将考核结果交干部管理部门作为主要领导政绩考核外,还应将考核结果与年度相关资金下达、岗位晋级、职称评定等相挂钩,加大对工作突出部门、地市的资金倾斜力度,对工作突出的先进个人,在岗位晋级、职称评定中予以优先考虑,充分发挥年度考核对非常规水资源利用的推动作用。同时加大对日常工作的暗访、抽查,对政策执行情况进行监督检查,对检查中发现的组织不力、工作怠慢、监管不严等行为,依法严格追究有关单位和个人的责任。

### 4. 完善监督体系建设

监督管理体系建设是推动重大决策、重要部署全面落实、按时完成的有力保障,完善监督管理体系建设,首先应加强行政内部日常监督检查制度建设,按照"交必办、办必果、果必报"的闭环工作程序,定期由陕西省非常规水资源利用领导小组办公室协助省政府督查室对各部门及各地市政府非常规水资源利用情况进行监督检查,确保各部门及各地市政府能够自觉按照职责及年度工作任务按期推动相关工作。对工作敷衍、进度明显滞后的部门,对地市政府负责人处以约谈、通报批评等处分。其次强化人大代表的外部监督作用,每年向同级人大汇报一到两次非常规水资源利用情况、取得成效及接下来的主要工作任务,由人大代表依法对非常规水资源利用工作成效进行审查和评议,发挥人大代表的监督作用。最后加大社会公众监督,鼓励社会公众承担起监督职责,借助社会公众的力量来推动和保障非常规水资源利用工作的落实。每年不仅将非常规水资源利用工作开展情况通过报纸、网络、电视等媒介向社会公众予以公示,接受社会公众的监督,还应建立有奖举报、线上公众满意度调查等方式,吸引社会公众共同参与到非常规水资源利用工作监督管理中。

## 5.3.2.2 完善协同管理机制

建立健全协调管理机制是推动非常规水资源利用工作全面开展的关键所在。非常规水资源兼具存在形式多样、分布状况复杂、管理部门较多等特点,工作中不仅需要建立年度目标任务"逐级分解—细化任务—责任到人"的自上而下的工作体制,还需建立"发现问题—及时反馈—申请指导"自下而上的工作体制,建立上下联动、协调管理的工作机制。同时非常规水资源利用工作还涉及水利、住建、发改、环保、财政、自然资源等部门,工作中还需多方参与、相互合作、共同努力,通过部门间的协同作战,全面、高效、系统、深入推进非常规水资源利用。任何单方面的部门或个人参与非常规水资源利用工作都难以起到显著的作用。非常规水资源利用工作中的上下联动、多方参与的特点,需要构建一套完整的组织架构,建立协同管理机制,使参与非常规水资源利用工作的各级政府、各部门都能最大程度上发挥自身优势、协调联动、各司其职,形成有效的工作合力,实现 1+1>2 的效果,推动全省非常规水资源利用工作从量变到质变转变。

## 5.3.2.3 加大监测体系建设

非常规水资源监测体系建设不仅是及时掌握非常规水资源利用工作的重要手段,也是客观评价非常规水资源利用工作成效的重要依据,是推动水资源管理向现代化转变的重要措施。陕西省非常规水资源管理监测体系建设可依托全省水资源实时监控系统,积极利用物联网、大数据、云计算、人工智能、地理信息系统等技术手段,搭建全省统一的非常规水资源利用监测信息平台及覆盖各行业、各水源类型、各用户的全天候、自动监测网络,实现水质、水量信息采集、数据传输的自动化和监测管理的智能化,为各级政府、相关部门及时掌握全省非常规水资源利用情况,客观、公正评价非常规水资源利用成效,科学、合理制定非常规水资源利用政策提供技术支持。

#### 5.3.2.4 发挥规划引领作用

非常规水资源利用规划是推动非常规水资源利用工作落地实施的基础,工作中应高度重视非常规水资源利用规划编制工作,各级政府应结合当地非常规水资源实际,组织相关单位加快编制《非常规水资源利用规划》或《再生水利用规划》《雨水利用规划》《微咸水利用规划》《矿井疏干水利用规划》等专项规划,以加大非常规水资源利用量为核心,对当地非常规水资源利用工作进行全面梳理、科学谋划、系统布局,制定切实可行、更具操作性的非常规水资源利用规划,为全省非常规水资源利用工作贯彻落实奠定基础,为全面推动全省非常规水资源利用工作发挥规划引领作用。

#### 5.3.2.5 完善非常规水资源定价机制

价格是水资源配置的核心,合理的水价不仅有利于再生水供水企业的健康成长、正常运营,也有利于提升非常规水资源竞争力,加大非常规水资源利用,促进非常规水资源利用行业可持续发展。陕西省目前缺乏非常规水资源利用的价格指导意见,各地市也缺乏对非常规水源价格构成、定价依据、定价机制的明确要求,西安、宝鸡等极少数再生水商业化运作的城市由供用水双方协商供水价格。为了进一步发挥水价对非常规水资源利用的激励作用,陕西省应加快推进非常规水资源价格机制研究,制定非常规水资源价格管理指导意见。各地市应按照陕西省要求,结合非常规水资源类型、供水水质、使用方向等,分类制定符合当地实际情况的非常规水资源价格管理指导意见,完善非常规水资源价格形成机制和水价价格体系。

### 5.3.3 科技创新研究

#### 5.3.3.1 加大科技研发力度

非常规水资源利用工作不仅要在制度上下工夫,同时也要依靠科学技术创新推动利用率、利用量进一步加大。目前非常规水资源利用技术经过半个多世纪的发展,已经基本上能够满足当前实际应用,但仍然存在诸多问题,需要进一步加大科技攻关力度。如污水处理和再生利用中仍然需要进一步探索占地面积更小、处理效率更高、成本更低、出水水质更好的水处理工艺,膜处理中还需研究更加节能、使用寿命更长、成本更低的工艺;雨洪利用中需结合最新的洪水预报技术,加快研究雨洪调蓄库的调度运行,在确保安全的情况下,最大程度上加大雨洪利用;地下水库、微咸水利用等,还需在技术和相关理论两方面加大研究深度。因此,工作中还需针对陕西省非常规水资源特性,发挥西北大学、西安建筑科技大学、西安理工大学、西安科技大学等高等院校以及陕西省膜分离技术研究院、中国电建集团西北勘测设计研究院有限公司、陕西省水利电力勘测设计研究院、陕西省地质调查院、陕西省煤田地质集团有限公司等科研机构在水处理、煤矿开采、区域地质、雨洪利用等领域的科技研发和工程实践优势,加大对非常规水资源利用理论、技术、设备方面的科技攻关力度,探索更加符合陕西省实际的非常规水利用技术。

#### 5.3.3.2 重视科研战略管理

对于非常规水资源利用方面的科技创新要进行重点的战略管理,着眼于宏观调控、创新体系结构、创新环境、科技投入等方面,努力促进科技向生产力转化,提升高新技术产业化程度。近年来,陕西省创新体系建设取得了较大进展,但在创新活动组织、创新资源配置和创新制度供给等方面还需要构建有效的宏观调控和战略协同机制;构建创新机构之间相互作用的网络体系,不断确立企业的技术创新主体地位,增加公益性科研力量,健全中介服务机构;完善公共科技基础条件平台建设,探索创新的制度、政策和文化以不断适应创新体系建设和发展的要求;完善科技投入结构,强化财政科技稳定增长的投入机制和社会资源有效动员机制;促进非常规水资源利用研发成果转化。

### 5.3.4 资金保障研究

#### 5.3.4.1 加大资金投入

充足的资金是促进非常规水资源利用的重要措施,要使现有非常规水资源利用率、利用量再上新台阶,除继续加大各级政府在非常规水资源利用方面资金的投入外,还应将非常规水资源利用的相关规划纳入年度国民经济实施计划,增加投资规模,落实资金来源,逐步提升各级政府财政预算内非常规水资源利用项目投资的比例,形成在非常规水资源利用方面资金的投入与财政的收入同比例增长。同时强化政府发挥宏观调控和战略引导作用,在现有的资金渠道上开拓新的资金来源,积极争取水利、环保、住建、自然资源、农业农村等方面的补助资金。最后建立专项财政资金的新渠道,除加大提升政府对非常规水资源利用标杆示范工程的投资倾斜力度外,尽快建立非常规水资源利用政府专项基金,以用于非常规水资源利用相关技术的改造及科技的研发,同时对非常规水收集及其处理设施建设给予支持。

此外,在非常规水资源利用工程实际建设过程中,合理规划财政税收资金,并优先考虑重点、紧急的关键性项目。出台颁布并落实非常规水资源利用工程建设相关专项资金管理办法,实行补助金制度用于支持为非常规水资源利用工作做出重大贡献的用水户等,最终建立非常规水资源利用管理资金良性运行机制。

#### 5.3.4.2 拓宽投资渠道

资金保障是各项工作得以落地实施的基础,非常规水资源利用工作同样也需要强大的资金作为支撑。为了保障工作经费,使各项非常规水资源利用工程不因经费不足而难以按计划开展,应积极拓宽融资渠道,在进一步加大财政支持力度、加大财政预算向非常规水资源利用建设项目倾斜的基础上,还可以通过以下途径获取更多的建设资金。

1.积极争取相关补助

陕西省非常规水资源涉及再生水、雨水、微咸水及矿井疏干水等不同类型,工作中可积极申请各级政府在水污染控制与防治、海绵城市建设、水环境治理、防洪除涝、节约用水、人畜饮水安全、绿色矿山建设等方面的补助资金,缓解非常规水资源利用工程建设资金缺口。

### 2. 千方百计争取政策性银行贷款

非常规水资源利用除具有一定的公益属性和民生属性外,还是缓解经济社会发展缺水问题的重要手段,属于国家政策鼓励实施的领域。因此,可积极利用国家相关政策,千方百计争取世界银行、亚洲基础设施投资银行、国家开发银行、农业发展银行等政策性银行合作,申请使用其发放的长期限、低利息贷款,为非常规水资源利用提供充足资金。

### 3. 积极申请使用政府债券

政府债券是政府为筹集资金而向出资者出具并承诺在一定时期支付利息和偿还本金的债务凭证,是政府筹集资金、扩大公共开支的重要手段。按照政府债券的有关规定,积极申请使用国家及地方政府债券或专项债券筹集建设资金,充分发挥政府债券在资金筹措中的长期限、低利息特点,为非常规水资源利用筹集资金。

### 4. 加大与金融机构合作力度

积极利用金融机构的资金优势,一方面,加大与金融机构合作力度,争取发行非常规水资源利用基金吸引社会资金;另一方面,加大与商业银行合作,争取商业银行贷款融资支持。

### 5. 加快投融资平台建设

充分发挥政府行业管理职能,由政府委托水利、住建、环保等有关部门组建水务、水环境、中水等股份有限公司,发行相关产业股票,通过商业化运作,吸引社会资金,用于非常规水资源利用。

#### 5.3.4.3  灵活项目融资

非常规水资源利用项目除通过加大财政投入、拓宽投融资渠道获取项目资金外,还可根据项目特点采取更为灵活的项目融资模式,如采取与社会资本合作出资建设项目的PPP模式;鼓励国内外投资人从地方政府获得基础设施项目的建设和运营特许权,组建项目公司负责项目建设的融资、设计、建造和运营的BOT模式;将TOT与BOT项目融资模式结合起来,但以BOT为主的TBT融资模式;以项目资产可以带来的预期收益为保证,通过一套提高信用等级计划在资本市场发行债券来募集资金的ABS项目融资方式等,以减轻政府财政负担,广泛吸引社会资本的投入,有效推动全省非常规水资源利用工作开展。

## 5.3.5  队伍建设研究

### 5.3.5.1  加大人才交流引进力度

#### 1. 灵活引才机制

建立长效机制,促进基层人才引进逐步系统化、持续化,实现人才向基层流动。针对目前省内一些地市基层水利管理部门人员不足的,又确实存在行政编制不足的情况,可以根据实际工作需要,通过合同外聘的方式,外聘技术人员。或在不改变人才人事、档案、户籍、社保等关系的前提下,以契约管理为基础,充分借助人力资源服务公司等使人才为单位提供智力服务。同时采取"请进来,送出去"等方式,一方面邀请专家、学者作为常驻咨询专家定期在单位开展高新技术和理论培训,另一方面外送技术人员去省内外高校或先进地区水利单位学习先进技术,提升水利管理人才的技术职称和学历层次,最终打造出一支专业结构齐全、职能分布合理、整体素质高超的管理队伍。

2. 多措并举吸引人才

积极出台相应措施,加强人才引进。通过优惠政策吸引青年人才尤其是大学生返乡就业,支撑地方可持续发展,最终使其成为地方水利工作的中流砥柱。由于陕西省地处西部地区,省内一些地区所处区位和经济发展优势并不明显,单纯靠市场和产业自身来吸引人才速度和效率较差。在这种情况下,政府应出台专门的人才政策,一方面通过设置专项的资金、项目,完善引进人才,特别是高层次人才子女入学、医疗、住房等后勤保障配套政策,为人才解决后顾之忧;另一方面通过加大基础生活设施保障力度,通过地方自身特色和优势吸引人才。比如陕南地区很多县区与大都市的生活环境和繁华氛围有所不同,有着良好的自然环境和生态人文景观,这对于吸引闹中取静的高端人才具有一定的吸引力。

3. 深化人事制度改革

全面推行水利事业单位人员聘用制度。规范按需设岗、竞争上岗、以岗定酬、合同管理以及人员分流、公开招聘工作。促进水利事业单位由固定用人向合同用人、由身份管理向岗位管理的转变。把人员聘用制度改革和干部任用制度改革、专业技术职务聘任制度改革、收入分配制度改革有机地结合起来。进一步扩大事业单位的人事管理自主权,建立健全事业单位人员使用上的自我约束机制,采取多种措施,积极引进急需人才,增强事业单位活力和自我发展能力。

### 5.3.5.2 健全培训学习制度

加大人才培养力度,培养本土人才,实施人才定向培养及后备力量培育,不断提高水利管理队伍的综合素质。利用政府、学校结合民间力量的多主体,以需求为导向,注重技能,对本土人才进行培育。一是利用好省内多所高校对口专业对本土人才进行培养;二是利用当地企业与各类培训服务机构,打造专业性人才;三是与高校进行长期合作,邀请专家学者定期来相关部门传授最新专业知识,最终构建彼此相互交流补充的全方位培训机制。

此外,还可以通过定期化水资源、节水等方面专业知识竞赛活动,提升水利管理系统好学的氛围,达到系统内各地区单位专业技术和知识比拼的风气。同时还要加强水行政主管部门工作人员的法律意识和道德素养,保证依法行政、违法必究、执法必严,杜绝徇私枉法、不法执法的行为。

### 5.3.5.3 完善人才评定激励制度

1. 完善人才评价机制

建立以能力和业绩为导向、科学的社会化的人才评价机制。坚持德才兼备、注重实绩的原则,不断创新和完善人才评价标准,努力提高人才评价的科学性。在个人职务评价中应以绩效为导向,赋予专业技能、专业知识、工作态度等一定的分值,完善人才评价标准,将个人工作量、个体能力与贡献作为对应工资和福利的标准,以按劳分配为主,多种分配方式结合的方法,提高个体工作积极性。

2. 建立健全人才激励机制

一是推进水利事业单位收入分配制度改革,逐步建立体现事业单位自身特点、以岗位绩效工资为主体的工资制度。引导收入分配向优秀人才和关键岗位、艰苦地区倾斜。二是实行以政府部门奖励为导向、用人单位奖励为主体、社会力量奖励为补充的水利人才奖励政策,建立多元化的人才奖励机制,对在非常规水资源利用事业中做出成绩及贡献的管理单位、企业、高校及个人进行精神奖励的同时,积极争取实物奖励,调动人才开展工作的积极性。

## 5.3.6 宣传示范研究

### 5.3.6.1 丰富宣传方式

在利用"世界水日""中国水周""节水宣传周"等时间节点加大宣传力度及采用报纸、广播、电视等传统方式进行集中宣传的基础上,积极利用网络媒体、手机媒体、数字电视等新媒体,开展面向社会公众的线上宣传,也可以以装饰品、日常生活用具、公共环境、文化墙、公交站牌、公交车辆、地铁等为载体加强宣传。此外,还可通过非常规水资源利用知识竞赛、成果展示、主题班会、主题征文活动等形式,坚持全年不间断宣传,提高公众对非常规水资源利用的认识。

### 5.3.6.2 提高公众参与度

1.畅通民情舆论渠道

地方政府部门要依法公开非常规水资源利用的相关信息,及时公布非常规水资源利用的管理政策和引导措施,让公众可以在第一时间获得非常规水资源利用的相关信息。针对重大事项,积极组织召开听证会或者网上发布调查问卷,集思广益;对涉及非常规水资源利用的相关规划,要进行深入的实地调查研究,对非常规水资源利用的相关建设项目,必须充分听取公众意见后才能实施。

2.拓宽参与渠道

拓宽社会公众对非常规水资源利用工作的参与渠道,丰富参与形式,探索建立多元共治共享的格局。可以学习日本政府治理多发的浒苔水污染事件经验,如开展的市民参与治理工程活动,召开浒苔问题大众研讨会,安排小学生海洋环境教育公开课,出台社区居民激励措施等。还可以针对镇、村或小区自建的小型污水处理设施,探索居民承包管理制,或者由镇、村的集体经济体自主维护,引入公众自主管护模式。

3.建立管理监督体制

各级政府应建立有关非常规水资源利用的匿名举报平台、开通监督专线,畅通公众参与渠道,公众可在任何时候对非常规水资源利用相关工作进行监督,也可组织志愿者团体参与宣传及设施运行的例行检查等。

### 5.3.6.3 发挥示范引领作用

1.强化载体建设

政府机关要起到标杆定位作用,带头贯彻落实非常规水利用措施。各级政府机关应率先在机关大院开展再生水、雨水利用示范引领项目建设,发挥政府机关在非常规水资源利用中的示范带头作用。同时还应加大非常规水资源利用载体建设,加大非常规水资源利用示范单位、校园、社区建设,强化节水载体建设的示范引领作用。

2. 示范项目引领

各级政府应依托节水型城市、节水型社会建设等,积极申报中、省的非常规水资源利用工作试点项目建设,同时特别是政府宣传部门应从每个地区分别推举出一些非常规水利用工作开展较快较好或有特色的典型项目,通过电视、广播、网络等媒体进行全方位宣传报道,通过典型示范对同类工程项目进行引导,发挥示范工程在推动非常规水资源利用工作中的作用。

# 6 典型地区再生水利用现状评估及推行对策研究

陕西省水资源时空分布极不均匀,关中、陕北地区水资源短缺对经济社会高质量发展的影响日益突显,随着关中地区引汉济渭、东庄水库、东雷抽黄等一系列重大水利工程的建成运行,未来关中缺水问题将得到显著改善。根据调研及现状分析,延安市受地理环境条件等因素的限制,目前其在开展再生水利用工作中存在诸多亟须解决的问题。为有效缓解地区经济社会发展用水,发挥再生水作为第二水源的作用,本次在全省非常规水资源利用现状评估及对策研究成果的基础上,以延安市再生水利用为例,进一步分析延安市再生水利用中存在的问题,并从工程及非工程措施方面提出应对策略,为进一步加大延安市再生水利用量提供技术支撑,也为全省非常规水资源利用现状评估及对策研究成果推广实施提供典型范例。

## 6.1 延安市基本概况

### 6.1.1 自然地理

#### 6.1.1.1 地理位置

延安市位于陕西省北部、黄土高原的中南部,北连榆林地区,南接关中咸阳、铜川、渭南三市,东隔黄河与山西省临汾、吕梁地区相望,西依子午岭与甘肃省庆阳市为邻。地处北纬35°21′~37°31′,东经107°41′~110°31′。南北之间直线距离239.12 km,东西之间直线距离257.85 km,总面积37 037 km²,占全省总面积的18%,居全省第二位。延安市地理位置见图6-1。

#### 6.1.1.2 地质地貌

延安市位于黄河中游,南北分属黄土高原沟壑区和黄土丘陵沟壑区。地貌类型以黄土塬、梁、峁、沟壑等特有的黄土地形为主。地势西北高,东南低,平均海拔1 200 m左右。北部的白于山顶为全市域最高点,海拔1 809.8 m;最低点在宜川县集义乡猴儿川,海拔388.8 m,相对高差1 421 m。北部以黄土梁峁丘陵为主,占市域总面积的72%;南部以黄土塬沟壑为主,占总面积的19%;全市石质山地占总面积的9%。西部子午岭南北走向,构成洛河与泾河的分水岭,是高出黄土高原的基岩山地之一,海拔1 500~1 687 m,主峰1 687 m;东部黄龙山,大致呈东北西南走向延伸,海拔1 500 m,主峰(大墩梁)海拔1 464 m。

#### 6.1.1.3 河流水系

延安水系属黄河流域,其中直接入黄的河流集水面积有1 917 km²,内陆各大河流控制集水面积(区内)为34 759 km²,全区以北洛河、延河、清涧河、仕望河、云岩河、涺水为骨

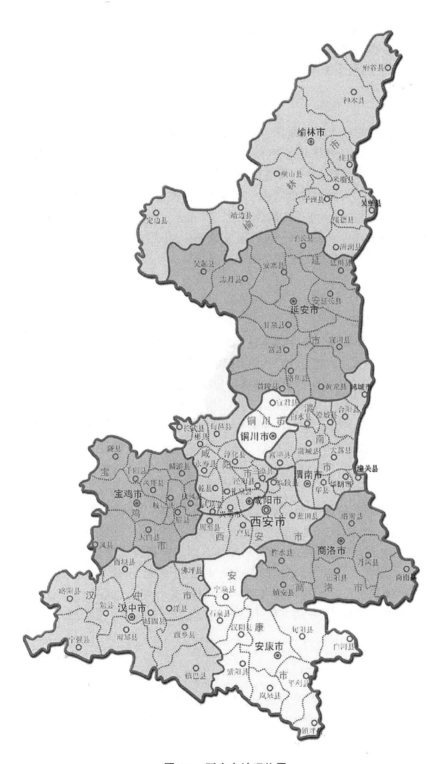

图 6-1　延安市地理位置

干,形成密如蛛网的水系网。诸河流中,入黄的一级支流主要有延河、清涧河、云岩河、仕望河、浯水五大河流。北洛河是入黄的二级支流,入渭的一级支流。干流深切、支沟密布是延安市河流水系分布的主要特色,境内 1 km 以上的沟道共 20 889 条。按河流流域面积分,10 000 km² 以上的河流 1 条,5 000~10 000 km² 的河流 2 条,1 000~5 000 km² 的河流 8 条。

### 6.1.1.4  水文气象

延安属暖温带半湿润易干旱气候区,全年气候变化受制于季风环流。全市气候的总特征为:春季干燥少雨,气温回升迅速,气候多变,有大风扬沙天气;夏季炎热多雨;秋季降温迅速,湿润,多阴雨大雾天气;冬季雨雪稀少,明朗干冷,多西北风。全市年均气温 9.4 ℃,极端最高气温 39.71 ℃,极端最低气温 −25.4 ℃,昼夜温差大,气温升降快,季节变化明显。降水量一般南多北少,多年平均降水深 512.2 mm。降水最多的地区是黄陵县西南部。年平均蒸发量 1 601.9 mm,年平均风速 1.9 m/s,年均日照时数 2 418 h,无霜期 179.7 d,地震烈度Ⅵ度。最大冻土深度 79 cm。

## 6.1.2  社会经济

### 6.1.2.1  行政区划及人口

延安市下辖宝塔区和安塞区 2 个市辖区,延长县、延川县、志丹县、吴起县、甘泉县、富县、洛川县、宜川县、黄龙县、黄陵县 10 个县,代管子长市 1 个县级市,共 18 个街道办事处、84 个镇、12 个乡。延安市人民政府驻宝塔区宝塔山街道。

截至 2020 年末,全市常住人口 228.26 万人,城镇化率 61.37%;人口自增率 3.83‰,出生率 9.80‰,死亡率 5.97‰。家庭户 848 500 户,集体户 33 845 户,平均每个家庭户的人口为 2.51 人。男女比例为 52.25∶47.75。人口年龄分布为 0~14 岁占 21.09%,15~59 岁占 63.34%,60 岁及以上占 15.57%。

### 6.1.2.2  社会经济

2020 年实现地区生产总值 1 601.5 亿元,下降 0.8%;其中,第一产业增加值 190.41 亿元,增长 4.2%;第二产业增加值 885.72 亿元,下降 3.1%;第三产业增加值 525.35 亿元,增长 1.4%。三次产业构成为 11.9∶55.3∶32.8。固定资产投资增长 3.8%。全年进出口总额 24.92 亿元,增长 3.0%。全市财政总收入 428.62 亿元,下降 3.8%,其中地方财政收入 163.84 亿元,增长 5.1%,增速居全省第一位;财政支出 456.73 亿元,增长 2.1%。城乡居民人均可支配收入分别为 36 577 元、12 845 元,分别增长 4.8% 和 8.2%。

## 6.1.3  水资源及开发利用状况

### 6.1.3.1  水资源

根据《陕西省第三次水资源调查评价》,采用 1956—2016 年系列资料,延安市多年平均水资源总量为 13.56 亿 m³,占全省的 3.2%。其中地表水资源总量 13.05 亿 m³,地下水资源量 5.31 亿 m³,地表地下不重复量为 0.52 亿 m³。地下水矿化度($M \leq 2$ g/L)可开采量为 476.89 万 m³。单位面积水资源量为 3.7 万 m³/km²,人均水资源量 594 m³。受自然条件的影响,延安市人均水资源分布不均匀,呈南多北少的态势。延安市县级行政区水资源量分布情况见表6-1、图6-2。

表6-1 延安市县级行政区水资源量成果

| 县级行政区 | 多年平均地表水资源量 | | 地下与地表不重复量/万 m³ | 多年平均水资源总量 | | 单位面积水资源量/（万 m³/km²） |
|---|---|---|---|---|---|---|
| | 径流深/mm | 径流量/万 m³ | | 总量/万 m³ | 占全市/% | |
| 宝塔区 | 29.0 | 10 258 | 371 | 10 629 | 7.8 | 3.0 |
| 安塞区 | 41.8 | 12 335 | 277 | 12 612 | 9.3 | 4.3 |
| 延长县 | 28.4 | 6 705 | 233 | 6 938 | 5.1 | 2.9 |
| 延川县 | 35.4 | 7 031 | 196 | 7 227 | 5.3 | 3.6 |
| 子长县 | 38.6 | 9 232 | 163 | 9 395 | 6.9 | 3.9 |
| 志丹县 | 35.6 | 13 505 | 686 | 14 191 | 10.5 | 3.7 |
| 吴起县 | 25.8 | 9 782 | 694 | 10 476 | 7.7 | 2.8 |
| 甘泉县 | 20.5 | 4 661 | 468 | 5 129 | 3.8 | 2.3 |
| 富县 | 22.6 | 9 449 | 860 | 10 309 | 7.6 | 2.5 |
| 洛川县 | 42.8 | 7 658 | 303 | 7 961 | 5.9 | 4.4 |
| 宜川县 | 40.1 | 11 780 | 289 | 12 069 | 8.9 | 4.1 |
| 黄龙县 | 60.4 | 16 617 | 177 | 16 794 | 12.4 | 6.1 |
| 黄陵县 | 50.1 | 11 458 | 449 | 11 907 | 8.8 | 5.2 |
| 延安市 | 35.2 | 130 471 | 5 166 | 135 637 | 100.0 | 3.7 |

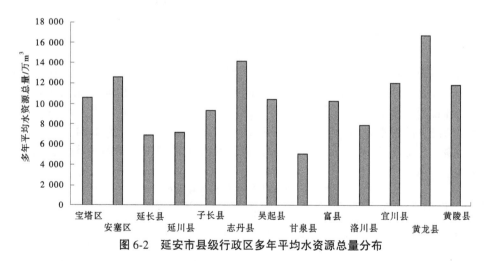

图6-2 延安市县级行政区多年平均水资源总量分布

## 6.1.3.2 供用水状况

1. 供水量

2020年延安市总供水量3.12亿 m³，其中地表水源供水量1.90亿 m³，占总供水量的

61%,其中蓄水工程供水量 1.07 亿 m³,占地表水源供水量的 56%;引水工程供水量 0.38 亿 m³,占地表水源供水量的 20%;提水工程供水量 0.45 亿 m³,占地表水源供水量的 24%。地下水源供水量 1.18 亿 m³,占总供水量的 38%。其他水源供水量 0.04 亿 m³,占总供水量 1%。2020 年延安市供水情况见表 6-2 和图 6-3。

表 6-2　2020 年延安市供水量统计 单位:亿 m³

| 地表水源供水量 | | | | 地下水源供水量 | 其他水源供水量 | 总供水量 |
|---|---|---|---|---|---|---|
| 蓄水量 | 引水量 | 提水量 | 小计 | | | |
| 1.07 | 0.38 | 0.45 | 1.90 | 1.18 | 0.04 | 3.12 |

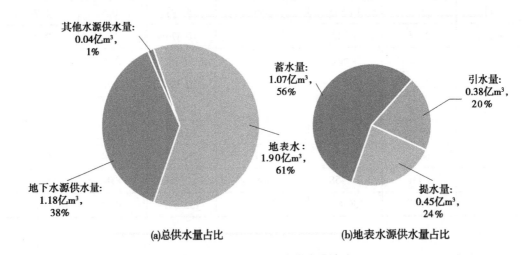

(a)总供水量占比　　　　(b)地表水源供水量占比

图 6-3　2020 年延安市供水量统计

2. 用水量

根据《2020 年陕西省水资源公报》,2020 年延安市总用水量 3.12 亿 m³,其中地表水 1.90 亿 m³,占总用水量的 61%。各部门用水量中,农田灌溉用水 0.44 亿 m³,占总用水量的 14%;林牧渔畜用水 0.51 亿 m³,占总用水量的 16%;工业用水 1.09 亿 m³,占总用水量的 35%;居民生活用水 0.74 亿 m³,占总用水量的 24%;城镇公共用水 0.24 亿 m³,占总用水量的 8%;生态环境用水 0.10 亿 m³,占总用水量的 3%。2020 年延安市用水量见表 6-3、图 6-4。

表 6-3　2020 年延安市用水量统计 单位:亿 m³

| 农田灌溉 | 林牧渔畜 | 工业 | 居民生活 | 城镇公共 | 生态环境 | 合计 | |
|---|---|---|---|---|---|---|---|
| | | | | | | 总用水量 | 其中:地表水 |
| 0.44 | 0.51 | 1.09 | 0.74 | 0.24 | 0.10 | 3.12 | 1.90 |

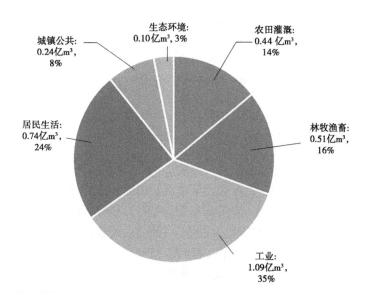

图 6-4　2020 年延安市用水量统计

### 6.1.3.3　污水处理及回用状况

**1. 污水处理厂**

(1)延安市中心城区现有城市污水处理厂 3 座,其中延安水务环保集团水环境治理有限公司(原名延安市污水处理厂)现状处理规模为 7 万 $m^3/d$,出水水质达到一级 A 标准,配套污水柳树店提升泵站和东关提升泵站,提升能力均为 5 万 $m^3/d$;河庄坪污水处理厂处理能力为 1 800 $m^3/d$;姚店污水处理厂设计规模近期(2020 年)为 5 万 $m^3/d$,远期(2030 年)为 13 万 $m^3/d$ 。

(2)安塞区第一污水处理厂平均处理污水量为 0.26 万 $m^3/d$;第二污水处理厂处理能力为 0.5 万 $m^3/d$,远期为 1 万 $m^3/d$。整体提升改造后两厂处理能力将达到 1.3 万 $m^3/d$。

(3)延安新区地下式污水处理厂设计规模近期为 1.5 万 $m^3/d$,远期为 3 万 $m^3/d$,尚未投入使用。延安新区北区(一期)再生水厂与污水厂合建,设计再生水供水规模为 24 000 $m^3/d$,目前日产再生水量为 6 000 $m^3/d$。新区再生水加压泵站设计规模为 1.1 万 $m^3/d$,泵站设计扬程为 70 m。

**2. 污水收集管网**

延安市目前已建成区采用截流式合流制,只建了截流排水干管及部分支管,污水收集系统不完善,雨污水均就近混流排入城市截流排水干管。新建区采用雨污分流排水体制。

延安城区目前已建成污水收集管网238.16 km,中途提升泵站 2 座、截流闸 120 处,收集覆盖面积 37 $km^2$。现状污水收集主干管主要布置在延河、南川河、西川河、杜甫川河等河道内,其他支管分别接入这些主干管,最终排入延安市污水处理厂。

**3. 再生水管网**

延安市污水处理厂已建成再生水管道约 28 km,其中百米大道约 8 km,管径 DN50～DN400;东滨路约 20 km,管径 DN600～DN700。

新区再生水管网除东片区在建和规划区域路网未形成外,其余一期和大数据片区路网均已形成现状,配套再生水管网也建设完毕。现状道路范围内,除韶街、遵义大街、公学南路、北环南路外,其余现状道路均已铺设再生水管道。

## 6.2 延安市再生水利用存在问题

### 6.2.1 收集回用管网不健全

延安市城区及大部分县区为丘陵沟壑地形,城市建筑依川道呈"Y"字形狭长布置,地形高低落差大,管网铺设难度大,污水收集率低。山体地理环境复杂,上山道路陡峭狭窄,居住分散杂乱,不仅施工难度大,建设成本高,而且后期维护管理不方便,费用高。相对其他城市而言,收集同等量的污水需建设的主干管网较长,建设和运行成本高。

延安市老城区由于历史原因所限,道路相对较窄,建筑密度大,地下管网密集,已无新的管位可选,无法实现雨污分流制改造,污水仍采用合流方式排放收集,很难达到百分之百的收集,建设再生水回用管道更是困难,导致目前延安市污水处理厂处理后达标的再生水有一半的量(2 万 $m^3/d$)只能为下游河道补水,而一些潜在用户无法使用。

### 6.2.2 管理体制不顺

延安市城市节水、取用水包括污水处理及再生水回用工作由城市管理局负责,县区节水则由水务局负责,相关项目的行政审批由行政审批局负责,污水处理及再生水回用分属不同的部门管理,不仅严重影响了再生水利用的统一规划,而且还制约了相关工程的全面落实。而再生水利用涉及发改、水利、住建、环保、资规、财政等多个职能部门,工作中受各部门间不能有效协作的影响,往往出现再生水工程规划后难以及时获得建设立项,难以筹措充足的建设资金,部分工程建设用地问题迟迟不能得到解决,影响项目建设。

### 6.2.3 政策制度不完善

延安市"十三五"期间修订和完善了《延安市水资源管理办法》《延安市建设项目节水"三同时"工作的通知》《延安市城市节约用水管理办法》等 43 项与再生水资源利用有关的管理办法,同时市、县(区)成立了节约用水管理机构,制定印发了《延安市节水型社会建设实施方案》,并颁布了《延安市城镇污水处理设施建设运行监管办法》等规章制度。另外在《延安市总体规划(2015—2030)》《延安市城市节水规划(2018—2030)》《延安市城区污水专项规划(2013—2030)》《延安市中心城区污水工程专项规划(2020—2030)》《延安新区再生水、雨水综合利用规划(2021—2030)》《延安市新区北区市政基础设施——再生水专项规划(2011—2030)》《延安新区北区东片区(收尾区)市政工程专项规划——再生水专项规划(2020—2030)》和《延安市"十四五"节水型社会建设规划》等总体规划、专项规划中均有再生水源利用的内容。

总体来看,延安市在节水方面逐渐出台了一系列的政策,对城市的再生水利用进行了规划,但在非常规水、再生水利用方面全省乃至延安市目前仍未建立起系统的、详细的监督机制、补偿机制、奖惩机制。并且由于关于再生水利用的法律、行政和经济手段还不完善,在项目用水审批、城市规划和市政设施建设过程中,强制性和激励性作用体现还不够明显。

## 6.2.4　配套资金不足

非常规水源利用具有较强的公益性特点,相比常规水资源,非常规水源开发利用需要完善的基础设施作为支撑,相关配套设施建设所需资金较大,在行业发展初期尤其需要政府大力扶持。而延安市及各县区地方财力有限,现状省级水利部门下拨给延安市再生水的相关经费,加上节水相关经费一年仅百万元,省级住建部门也未给延安市下拨再生水利用相关经费,加之政府及相关部门未将再生水管网、设施建设等项目纳入财政预算,对项目的规划及建设造成了极大的制约。近年来延安市虽然成立了延安水务环保集团,以市场化方式推动污水处理及再生水利用,但受融资渠道多元化不足、融资模式创新不够等影响,再生水利用工程负债率较高,建设资金缺口依然巨大。

## 6.2.5　污水处理成本与水价不相匹配

经调查,延安市污水处理厂满足排放要求的普通处理成本为 2.5 元/m³,出水水质较高的膜处理工艺成本为 4 元/m³,若考虑回用管网投入、运行维护等费用后,单方水处理成本将会进一步提高。而延安市发改委 2019 年规定的延安水务环保集团供给各县区城市生活用水基本水价为 1.94 元/m³,计量水价为 1.97 元/m³,再生水试行出厂价格为 2元/m³;新修订的《延安市供水价格管理办法》中延安市居民生活用水价格为 3.95 元/m³,再生水没有统一定价;市污水处理厂目前免费为河湖补水提供再生水。

由于水资源的不合理开采、对公共用水的不合理补贴、低水价和低收费问题导致了再生水相比新鲜水的原水价格高,满足居民生活用水的高品质再生水的成本相比自来水的水价更高,从而不仅导致使用积极性不足,也造成再生水厂连续负债运行。“分质供水、优水高价”的价格机制尚未形成,致使水价杠杆作用不能有效发挥。

## 6.2.6　基层人才队伍建设亟须加强

延安市的水利部门人才队伍建设在陕西省内走在前列,市水务局成立有水资源管理二级局,下设节水科,负责再生水相关管理工作。水资源管理局行政编制有 19 人,节水科行政编制 3 人。近年来,随着国家对水利投入以及河湖管理力度的持续加大,基层水利管理人员承担的任务日益繁重、工作量成倍增加、专业技术要求逐年提升。但受人员编制、人员流动、知识老化等因素限制,特别是县级以下基层水利管理部门不仅人员数量不能满足要求,更缺少水资源开发利用研究、管理、推广的专业技术人才,制约了再生水方面工作的开展。

## 6.2.7　社会认识程度有待提升

延安市再生水利用尚处于起步阶段,虽然延安市 2020 年入选第十批国家节水型城市,每年延安市及各县区水利部门及相关单位也会利用“世界水日”“中国水周”“节水宣传周”等进行集中宣传,但受宣传力度不够,形式单一、覆盖面有限以及群众自身文化水平等影响,使得群众对再生水利用的可行性、水源的安全性认识不足,对利用再生水还存有疑虑。

# 6.3 延安市再生水利用对策建议

## 6.3.1 工程对策建议

### 6.3.1.1 回用设施工程建议

1. 集中式污水处理设施建设建议

目前延安市区有方塔污水处理厂(1 万 $m^3/d$)、北区污水处理厂(7 万 $m^3/d$)、桥沟污水处理厂(7 万 $m^3/d$)及姚店污水处理厂(2.5 万 $m^3/d$)等,其中桥沟污水处理厂和姚店污水处理厂建有深度处理设施。根据《延安市中心城区污水处理专项规划》,未来取消现状桥沟污水处理厂,将其服务水量转输至姚店污水处理厂,使姚店污水处理厂规模增加到 17.5 万 $m^3/d$,同时在延安新区(北区)新建一座日处理规模 3 $m^3/d$ 的污水处理厂。因此,集中式污水处理设施工程建设方面只要按照相关规划实施,将基本满足未来再生水回用需要。

此外,考虑到延安市区属狭长河谷型地貌特征,未来如果取消桥沟污水处理厂,将其与位于城市下游、距离中心城区更远的姚店污水处理厂合并,则不利于再生水回用。因此,从再生水回用角度出发,建议未来不要取消桥沟污水处理厂,由其通过百米大道向上游城区道路浇洒、绿化浇灌及河道补水供给再生水,也可向沿线的洗车店、小区等供给再生水,加大再生水回用。姚店污水厂重点向其附近延安热电厂、李渠镇、姚店工业园区及姚店电厂用户供给工业冷却水,还可考虑向周边油区注水井供给回灌水。

2. 分散式污水处理设施建设建议

延安市城区东部地势相对开阔,加之距离桥沟污水处理厂、姚店污水处理厂较近,目前已建设百米大道、东滨路等再生水管网,基本满足再生水集中回用。中心城区西北部及西南部地势狭窄、公共空间有限,建设再生水回用管网难度极大。因此,要加大再生水回用,缓解区域缺水问题,只能大力发展分散式污水处理设施。

结合延安市中心城区西北部及西南部实际情况,建议在延安大学、延安职业技术学院、延安干部学院、革命纪念馆、延安体育场、火车站、西北川公园、胜利广场、延安宾馆等公共空间相对较大的地区,建设分散式污水处理回用设施,实现区域零排放。

### 6.3.1.2 回用水管网工程建议

目前延安市已经建设了连接桥沟污水处理厂、姚店污水处理厂,总长 28 km 的百米大道再生水管网、东滨路再生水管网,正在建设北区再生水管网,基本覆盖了中心城区东部和北部。今后可沿圣地路、南滨路等主干道路,进一步延伸再生水管网,向中心城区的西北部、南部地区供给再生水。此外,考虑北区地势较高,且再生水管网覆盖度高,也可建设北环路再生水管网与北区再生水管网连通工程,实现北区再生水向中心城区西北部及延河上游自流补水的目的。

## 6.3.2 非工程对策建议

### 6.3.2.1 政策规章建议

为加强水资源管理,延安市先后制定了《延安市实行最严格水资源管理实施意见》《延安市城市节约用水管理办法》《延安市城市污水处理管理暂行办法》《延河流域水污染防治暂行办法》《延安市水污染补偿实施办法》《延安市实施国家节水行动方案》等规范性文件,对再生水利用工作提出相关要求。为进一步加大再生水利用,仍需对现有政策制度进行完善,还需结合延安市实际情况,在现有《延安市城市节约用水管理办法》《延安市城市污水处理管理暂行办法》基础上,加快制定并颁布实施《延安市节约用水条例》《延安市污水处理及再生水利用管理条例》《延安市再生水资源利用实施意见》等法规文件,为全市再生水利用提供法规依据。同时加快制定《延安市住宅及公建再生水供水系统建设管理规定》,对住宅及公共建筑再生水供水系统建设提出要求,为实现建筑内部再生水利用奠定基础。此外,为保证油区注水井再生水回灌工作更好开展,还应加快《延安市油区注水井再生水回灌技术规范》等地方标准的制定,确保油区注水井再生水回灌工作的科学、合理。

### 6.3.2.2 机制体制建议

有效的体制、机制是推动全市非常规水资源利用工作的关键,建议延安市政府一要尽快成立由分管副市长为组长,水务、住建、城管执法部门主要领导为副组长,发改、国资、审批服务、审计、统计、科技、教育、工信、人社、商务、文旅、生态环境、农业农村、自然资源、乡村振兴等部门为成员的非常规水资源或再生水利用领导小组,负责统筹、协调、落实全市再生水利用工作。领导小组办公室设在市水务局,办公室主任由二级局水资源管理局局长担任,领导小组办公室负责再生水资源利用工作年度目标任务及计划的制订、下达、监督、检查及年底考核等日常工作,定期召开工作推进会、调度会。领导小组及其办公室也可与最严格水资源管理制度领导小组及其办公室合署办公。二要建立目标责任考核机制,明确各级政府之间、各部门之间的责权关系及年度目标任务,建立层层分解、责任到人的考核问责机制和岗位晋级、职称评定、资金下达与考核结果相挂钩的奖惩机制。三要积极发挥党委巡视、政府督办、人大、政协及群众的监督作用,保障各项工作按时完成。同时为了科学、合理、客观评估各项工作落实成效,还需强化监测体系建设,构建基于大数据、物联网、云计算等高科技的非常规水资源利用监测体系。此外,鉴于规划对推动再生水利用项目落实及实施具有不可替代作用,因此建议尽快组织编制《延安市再生水利用规划》,系统分析延安市水资源和污水资源状况,再生水利用途径,拟定实施再生水利用设施的规模、工程实施的时间计划,并建立规划定期修编制度。

### 6.3.2.3 资金保障建议

建议延安市政府首先应将再生水利用相关工程纳入年度国民经济实施计划,增加投资规模,落实资金来源,逐步提升各级政府财政预算内再生水利用项目的比例,保证再生水利用方面资金投入与财政收入同比例增长。其次积极争取水利、环保、住建、自然资源、农业农村等部门的补助资金,申请使用各大政策性银行发放的长期限低利息贷款、国家及地方政府债券或专项债券,还可借助水务环保集团的投融资职能吸引社会资金。最后还可根据项目特点采取 PPP、BOT、TBT 和 ABS 项目融资方式等,广泛吸引社会资本的投入。

#### 6.3.2.4 水价方面建议

目前延安市居民生活污水处理费为 0.95 元/m³,非居民生活污水处理费为 1.40 元/m³,远低于再生水处理成本,为进一步发挥水价对再生水利用的推动作用,建议延安市加大水价定价机制研究,一方面适当拉大自来水与再生水之间的价格差,提高再生水价格的竞争力。另一方面,探索实行基准价、协商价、市场调节价、政府指导价及累退价格机制等,尽快制定符合当地实际情况的再生水价格管理指导意见。

优惠政策方面,建议为再生水综合利用建设项目提供优惠贷款或建设贷款贴息、免息,项目建设用地执行市政基础设施政策,执行优惠征地、拆迁价格。对再生水经营企业在一定期限内免征增值税、所得税及城市公共事业附加费;再生水生产运营用电享受优惠电价。对利用再生水的企业在一定期限内免征增值税、所得税;允许将再生水利用企业内部管网改造项目列入技术改造,费用进入成本。对使用再生水的用户免二次征收污水处理费。

#### 6.3.2.5 运营模式建议

目前延安市成立了水务环保集团,负责全市水源、输供水、用水、节水、污水处理及回用等涉水事务一体化运营,鉴于再生水回用成本高,水价低的实际情况,为降低企业运行成本,建议再生水厂由再生水经营企业筹资建设,集中式再生水厂用地建议采取行政划拨方式,以避免高昂的用地出让费用;城市规划道路上的公共再生水管网由政府通过收取配套费形式建设后移交水务环保集团运行管理。未纳入大配套收费范围内的工业基建(技改)项目的大配套再生水管道由建设单位(工业用户)自行投资配套建设,各分散式再生水设施由企事业单位负责投资建设、运行。

#### 6.3.2.6 人才保障建议

针对目前延安市基层水利管理部门人员不足的,又确实存在行政编制不足的情况,全面推行水利事业单位人员聘用制度,进一步扩大事业单位的人事管理自主权,可以外聘技术人员,或借助人力资源服务公司引进智力服务,积极推广政府购买服务。同时政府应积极出台人才引进优惠政策,如设置专项的资金、项目,完善人才子女入学、医疗、住房等后勤保障配套政策,同时加大基础生活设施保障力度,通过地方自身特色和优势吸引人才等。

针对人才队伍知识结构与当前工作不匹配问题,建议实施人才定向培养及后备力量培育,积极利用省内外大专院校在水资源管理、利用方面的优势,邀请专家、学者作为常驻咨询专家定期在单位开展技术理论培训,同时每年选派专业技术人员去省内外非常规水资源利用工作开展较好的地区学习、考察、交流。此外,还可以定期组织水资源、节水等方面专业知识竞赛活动。

为保障人才队伍的稳定,应进一步完善人才保障制度,建立以能力和业绩为导向、科学的社会化的人才评价机制,推进水利事业单位收入分配制度改革,引导收入分配向优秀人才和关键岗位、艰苦地区倾斜。配套实行以政府部门奖励为导向、用人单位奖励为主体、社会力量奖励为补充的水利人才奖励政策。

### 6.3.2.7　宣传示范建议

在"世界水日""中国水周""节水宣传周"等时间节点加大宣传力度,以及采用报纸、电视等传统方式进行集中宣传的基础上,应积极利用网络媒体、手机媒体、数字电视等新媒体,日常化开展面向社会公众的生动的线上宣传。也可以利用装饰品、日常生活用具、公共环境、文化墙、站台、公交工具等载体,或通过知识竞赛、成果展示、主题班会、主题征文活动等形式,坚持全年不间断宣传,提高公众对再生水利用的认识。

延安市政府及各部门要及时、多渠道公布再生水利用的管理政策和引导措施,让公众可以在第一时间获得再生水利用的相关信息。针对重大事项,积极组织召开听证会或者网上发布调查问卷。拓宽社会公众对再生水利用工作的参与渠道,丰富参与形式,探索建立多元共治共享的格局。

政府机关要起到标杆定位作用,率先在机关单位及家属区开展再生水利用示范项目,同时继续加大再生水利用示范单位、校园、社区等建设。同时要依托节水型城市、节水型社会建设等,积极申报中、省相关工作试点项目建设,对各地再生水利用工作开展较快、较好或有特色的典型项目要全方位宣传报道,发挥典型示范对同类工程项目进行引导的作用。

# 7 结论与建议

## 7.1 结 论

本课题研究在对陕西省 11 个地市(区)再生水利用现状、雨水利用现状、微咸水利用现状、矿井疏干水利用现状、非常规水源利用制度建设情况和非常规水源利用相关规划等进行深入调研和文献查阅基础上,针对再生水、雨水、微咸水、矿井疏干水四类陕西省主要的非常规水资源,从全省非常规水资源利用现状出发,采用"鱼骨分析法"+"5M 因素法"剖析了非常规水资源利用中存在的主要问题,分析了非常规水资源利用的可行性及利用潜力;在此基础上,从工程和非工程两方面对促进全省非常规水资源利用的对策进行了深入研究;最后以资源量最大的再生水为重点,系统性地对延安市进行了典型示范研究。本研究为进一步加大陕西省非常规水资源利用力度、缓解地区缺水提供了技术支撑,为满足新时期非常规水资源管理、健全水安全保障体系奠定了基础。通过研究得到以下结论:

(1)根据 1956—2016 年资料,陕西省多年平均水资源总量为 419.67 亿 $m^3$,其中地表水资源量为 384.60 亿 $m^3$,地下水资源与地表水资源不重复计算量为 35.07 亿 $m^3$;根据 1980—2016 年资料,全省多年平均水资源总量为 403.91 亿 $m^3$,其中地表水资源量为 369.62 亿 $m^3$,地下水资源与地表水资源不重复计算量为 34.29 亿 $m^3$。

(2)截至 2020 年底,全省共有水库 1 101 座,总库容 94.35 亿 $m^3$;引水工程 1.44 万处,供水能力 27.89 亿 $m^3$;抽水工程 0.9 万处,供水能力 6.86 亿 $m^3$;机电井 680 781 眼,规模以上 147 424 眼,规模以下 533 357 眼。全省各类非常规水源利用工程供水能力共 29 774 万 $m^3$。

截至 2020 年,全省供用水总量为 905 617 万 $m^3$,其中非常规水资源供水量为 41 717 万 $m^3$,占全省供水总量的 4.6%。生态环境用水是非常规水源第一大用户,年非常规水利用量是第二大用户工业利用量的 4 倍。

(3)全省非常规水资源利用仍在"料、法、机、人、环"等方面存在顶层设计指导性不足、管理体制机制有待进一步完善、部门间相互协作和财政扶持力度有待加强;配套工程体系仍不完善、非常规水资源利用技术及利用模式有待进一步创新;社会认知和人才队伍建设有待加强;融资渠道及模式单一,融资渠道多元化不足等问题,在一定程度上制约了全省非常规水资源利用。

(4)目前全省非常规水资源利用在水量、水质、处理技术、处理工艺、利用模式方面均不存在明显短板,加之省内现有的各类非常水资源利用工程的建设运行经验,使全省范围内开展非常规水资源利用成为可能。估算全省 2025 年非常规水资源供水潜力达 14.27 亿~18.27 亿 $m^3$,利用前景巨大。

（5）再生水回用工程措施有集中式和分散式两大类型,两种类型回用方式各有特点。雨水利用工程形式主要分为流域雨水利用工程和片区雨水利用工程两大类别。微咸水淡化利用工程主要有热分离、膜分离、化学分离三种。矿井疏干水利用工程主要分为矿井疏干水自用工程和外供水工程两大类。结合陕西省各类非常规水资源分布、用户分布及水资源、生态环境保护相关要求等,研究为各地区建设各种类型的非常规水资源利用工程提出了针对性的对策和建议。

（6）研究从以下几个方面系统提出了陕西省非常规水资源利用的非工程对策:一是政策法规方面要健全法规体系,完善规章制度,健全标准体系;二是机制体制方面要加强顶层设计,完善协同管理机制,加大监测体系建设,发挥规划引领作用,完善非常规水资源定价机制;三是科技创新方面要加大科技研发力度、重视科研战略管理;四是资金保障方面要加大资金投入,拓宽投资渠道,灵活项目融资;五是队伍建设方面要加大人才交流引进力度,健全培训学习制度、完善人才评价机制、健全人才激励机制;六是宣传示范方面要丰富宣传方式,提高公众参与度,发挥示范引领作用。

（7）延安市现状再生水利用存在收集回用管网不健全、管理体制不顺、政策制度不完善、配套资金不足、污水处理成本与水价不相匹配、基层人才队伍建设亟须加强、社会认识程度有待提升等问题。为进一步加大延安市再生水利用量,研究提出了延安市内污水处理再生水厂、再生水回用管网、分散式污水处理回用设施的布设建议,并建议延安市政府尽快完善相关规章制度及标准体系建设、加强组织领导、多渠道筹集资金、加大水价定价机制研究、创新相关工程建设运行模式、加大人才培养和宣传等。

## 7.2　建　议

为促进陕西省非常规水资源利用再上新台阶,力争非常规水资源利用工作走到全国前列,促进经济社会可持续发展、高质量发展,建议尽快从省级层面开展以下工作:

（1）尽快完善法规制度建设,为各地市非常规水资源利用工作提供法规依据。陕西省应尽快组织编制陕西省水资源管理、陕西省节约用水管理、陕西省污水处理及再生水回用等方面的法规、制度,并以地方法规或省政府规章的形式颁布实施,为各地加大非常规水资源利用提供法规依据。同时建议将矿井自用水纳入非常规水资源利用统计口径。

（2）加强组织领导,强化考核。省政府尽快成立由分管副省长为组长,相关部门为成员的全省非常规水资源利用工作领导小组,强化组织领导。同时应将非常规水资源利用工作纳入各级政府年度目标任务考核,从规划编制、资金落实、队伍建设、组织实施、运行管理等各方面进行全方位考核,并将考核结果作为干部提拔、任免的重要依据。

（3）加大科技创新力度。积极依托中国水科院、清华大学、河海大学、西北农林科技大学、西安理工大学、西安建筑科技大学、西安科技大学等国内外大专院校、科研院校在非常规水资源利用方面的技术优势,加大科技攻关力度,积极解决非常规水资源利用中利用成本过高、利用模式及投融资渠道单一等问题,为全省非常规水资源利用提供技术支撑和资金保障。

（4）加大人才队伍建设。研究制定非常规水资源利用工作岗位职责及人员编制,将非常规水资源利用工作纳入政府人才工作计划,加大人才引进力度,同时对现有人才队伍应加强技术培训、挂职交流等,鼓励在职称评定、薪资待遇方面向从事非常规水资源利用工作的人员倾斜。

# 参考文献

[1] 索皓谦.水资源管理现代化建设实践分析[J].科技与创新,2018(6):94-95.

[2] 联合国教科文组织.废水:待开发的资源[M].北京:中国水利水电出版社,2018.

[3] 马涛,刘九夫,彭安帮,等.中国非常规水资源开发利用进展[J].水科学进展,2020,31(6):960-969.

[4] 张春园,赵勇.实施污水资源化是保障国家高质量发展的需要[J].中国水利,2020(1):1-4.

[5] 李原园,曹建廷,黄火键,等.国际上水资源综合管理进展[J].水科学进展,2018,29(1):127-137.

[6] 王浩,胡春宏,王建华,等.我国水安全战略和相关重大政策研究[M].北京:科学出版社,2019.

[7] 陈耀,张可云,陈晓东,等.黄河流域生态保护和高质量发展[J].区域经济评论,2020(1):8-22.

[8] 杨柳,许有鹏,田亚平,等.高度城镇化背景下水系演变及其响应[J].水科学进展,2019,30(2):166-174.

[9] 李桂花,杜颖."绿水青山就是金山银山"生态文明理念探析[J].新疆师范大学学报(哲学社会科学版),2019,40(4):43-51.

[10] 陈莹.城镇化背景下我国非常规水源开发利用的思考[J].中国水利,2014(5):1-2.

[11] 左其亭,张保祥,王宗志,等.2011年中央一号文件对水科学研究的启示与讨论[J].南水北调与水利科技,2011,9(5):68-73.

[12] 曲炜.我国非常规水源开发利用存在的问题及对策[J].水利经济,2011,29(3):60-63.

[13] 张岳.加快非常规水资源的开发利用[J].水利发展研究,2013,13(1):13-16.

[14] 姜文来,冯欣,栗欣如,等.习近平治水理念研究[J].中国农业资源与区划,2020,41(4):1-10.

[15] 陈广华,郭瑞晓.民法典时代下雨水资源权属研究[J].河海大学学报(哲学社会科学版),2017,19(6):67-74,88.

[16] 王锐浩,刘玮,黄鹏飞,等.海岛地区非常规水资源开发利用现状及保障对策研究[J].环境科学与管理,2015,40(10):18-21.

[17] 崔丙健,高峰,胡超,等.非常规水资源农业利用现状及研究进展[J].灌溉排水学报,2019,38(7):60-68.

[18] 曹淑敏,陈莹.我国非常规水源开发利用现状及存在问题[J].水利经济,2015,33(4):47-49.

[19] 何灏川.庆阳市非常规水资源与常规水资源协同配置研究[D].杨凌:西北农林科技大学,2020.

[20] 朱世垚.榆林市非常规水资源与常规水资源协同配置模型研究[D].杨凌:西北农林科技大学,2020.

[21] 张楠,何宏谋,李舒,等.我国矿井水排放水质标准研究初探[J].中国水利,2019(3):4-7.

[22] 顾佳卫,解建仓,赵津,等.四类非传统水资源开发工艺的可视化及可利用量计算[J].西安理工大学学报,2019,35(2):200-211.

[23] 穆莹,王金丽.几种非常规水资源应用现状及利用前景[J].科技视界,2020(11):222-224.

[24] 中华人民共和国国家发展和改革委员会,水利部.国家节水行动方案[J].江苏水利,2019(S1):50.

[25] 康绍忠.贯彻落实国家节水行动方案推动农业适水发展与绿色高效节水[J].中国水利,2019(13):1-6.

［26］李代斌.陕西汉中市构建体系强化考核全面落实最严格水资源管理制度［J］.中国水利,2016(23)：
80-82.

［27］李婧,李家勇,高丽娟,等.陕甘宁新微咸水开发利用现状及存在问题浅析［J］.西北水电,2019(4)：
12-15,20.

［28］杨建宏.陕西省非常规水源利用管理探析［J］.陕西水利,2015(2)：27-28.

［29］刘伟.非常规水资源利用基本问题的研究［D］.天津：天津大学,2004.

［30］王建华,柳长顺.非常规水源利用现状、问题与对策［J］.中国水利,2019(17)：21-24.

［31］徐剑桥.城市污水资源化与水资源循环利用的思考与探索［J］.中国资源综合利用,2018,36(11)：
75-77.

［32］王筱萍.甘肃省非常规水资源开发利用现状及前景分析［J］.地下水,2017,39(2)：40-41.

［33］刘同僧.廊坊市非常规水资源开发利用潜力分析［J］.地下水,2015,37(2)：136-137.

［34］林华.福建省非常规水资源开发利用的几点看法［J］.水利科技,2012(3)：13-15.

［35］刘晶.新乡市水资源开发利用现状分析［J］.河南水利与南水北调,2016(8)：32-33.

［36］李文彤.论污水资源化是污水处理的发展方向［C］//科技部.2014年全国科技工作会议论文集.科技部.《科技与企业》编辑部,2014：206.

［37］纪静怡.纳入非常规水源利用的区域水资源配置研究［D］.扬州：扬州大学,2021.

［38］廖立君,米文宝.银川城市再生水资源利用方式探讨［J］.水土保持研究,2004,11(3)：178-180.

［39］刘靖元.充分利用再生水资源促进城市经济可持续发展［J］.内蒙古水利,2012,(2)：89-90.

［40］张林生.水的深度处理与回用技术［M］.北京：化学工业出版社,2008.

［41］历琳,王素红.城区污水回用系统设计优化研究［J］.大观,2014(9)：234.

［42］李国新,颜昌宙,李庆召.污水回用技术进展及发展趋势［M］.环境科学与技术,2009,32(1)：
79-83.

［43］邵嘉玥.基于综合利用的银川市非常规水资源优化配置［D］.银川：宁夏大学,2017.

［44］贺劼.再生水：机制设计是关键［J］.建设科技,2005,21：28-31.

［45］张亮,黄擎.污水回用研究进展［J］.化工进展,2009,28：43-46.

［46］郭凤震.邯郸市城区雨洪及其资源化利用分析［J］.水科学与工程技术,2014(3)：26-28.

［47］赵超,徐向舟,李美娟,等.城市雨水利用激励措施研究［J］.中国人口·资源与环境,2011,127
(S1)：408-411.

［48］胡四一,程晓陶,户作亮.海河流域洪水资源安全利用关键技术研究［R］.南京：南京水利科学研究院,2005.

［49］毛慧慧.平原河网地区洪水资源利用问题研究［D］.天津：天津大学,2009.

［50］张薇.雨洪地下调蓄保障河流生态基流的理论与技术研究——以渭河流域为例［D］.西安：长安大学,2015.

［51］李治军,崔新颖,高淑琴.地下水人工调蓄对二松流域水资源系统控制研究［J］.东北水利水电,
2007,3(25)：34-36.

［52］郝奇琛,邵景力,谢振华,等.北京永定河冲洪积扇地下水人工调蓄研究［J］.水文地质工程地质,
2012,39(4)：12-18.

［53］Cheng Donghui, Wang Wenke, Chen Xunhong. A moded for evaluating the influence of water and salt on vegetation in a semi-arid desert region, northern China［J］. Environ Earth Sci. ,2011,64：337-346.

［54］Wang Wenke, Dai Zhenxue, Li Junting. A hybrid laplace transform finite analytic method for solving transport problems with large Peclet and Courant numbers［J］. Computers and Geosciences, 2012(49)：
182-189.

［55］Zhang Zaiyong, Wang Wenke, Chen Li. Finite analytic method for solving the unsaturated flow equation ［J］. Vadose Zone Journal, 2014(11)：1-10.

［56］邓文娟. 红沙泉露天煤矿水资源优化配置研究［D］. 淮南：安徽理工大学, 2020.

［57］李肇桀, 王亦宁. 对新时期非常规水源利用若干战略问题的思考和认识［J］. 中国水利, 2020(23)：14-17.

［58］王伟. 巨野矿区某煤矿高矿化度矿井水处理与综合利用［D］. 北京：中国矿业大学, 2020.

［59］黄菊, 金春华, 陈静, 等. 煤矿矿井水利用风险及管控对策研究［J］. 绿色科技, 2020(10)：1-6, 24.

［60］姚卿. 煤矿矿井水资源化利用技术研究及工程应用［D］. 西安：西安建筑科技大学, 2020.

［61］李琳. 矿井水开发利用潜力与合理利用研究［D］. 郑州：华北水利水电大学, 2019.

［62］张晨星. 矿井水资源化优化配置及高铁锰矿井水处理工艺优化［D］. 邯郸：河北工程大学, 2017.

［63］张良大. 矿井水资源化利用新工艺与新型膜材料研发［D］. 青岛：山东科技大学, 2017.

［64］曹庆一, 任文颖, 陈思瑶, 等. 煤矿矿井水处理技术与利用现状［J］. 能源与环保, 2020, 42(3)：100-104.

［65］穆金霞, 高午. 矿井疏干水利用与处理技术研究［J］. 中国煤炭地质, 2012, 24(6)：45-47.

［66］盛守福. 马道头煤矿水处理工程设计［J］. 露天采矿技术, 2016, 31(8)：75-78, 83.

［67］李媛. 基于农业灌溉的微咸水淡化工艺优化研究［D］. 济南：济南大学, 2016.

［68］张小岳. 黄骅市微咸水资源评价及其利用初步研究［D］. 保定：河北农业大学, 2012.

［69］张正磊, 刘萍, 周伟伟. 地下微咸水利用的综述［J］. 科技风, 2019(7)：167.

［70］柯浩成, 牛最荣, 王启优. 甘肃省微咸水淡化利用现状及淡化技术初探［J］. 地下水, 2015, 37(3)：42-44.

［71］杨宇宏. 深圳市盐田区给水专项规划研究［D］. 西安：西安建筑科技大学, 2014.

［72］刘洋. 横岗片区再生水规划研究［D］. 西安：西安建筑科技大学, 2015.

［73］汪霞. 城市理水［D］. 天津：天津大学, 2006.

［74］汪霞, 曾坚, 李跃文. 城市非常规水资源的景观利用［J］. 建筑学报, 2007(6)：15-18.

［75］莫淑红. 西北地区生态城市建设水资源安全保障基础研究［D］. 西安：西安理工大学, 2010.

［76］宋颖慧. 新加坡·新生水——新加坡水资源管理模式概览［J］. 城市观察, 2011(1)：106-112.

［77］廖日红, 陈铁, 张彤. 新加坡水资源可持续开发利用对策分析与思考［J］. 水利发展研究, 2011, 11(2)：88-91.

［78］宫徽, 孟尧, 肖晓程, 等. 新加坡水行业跨越发展对我国的启示［J］. 环境保护, 2015, 43(1)：67-69.

［79］王军, 王淑燕. 水资源开发利用及管理对策分析——以新加坡为例［J］. 中国发展, 2010, 10(3)：19-23.

［80］赵飞, 张书函, 陈建刚, 等. 我国城市雨洪资源综合利用潜力浅析［J］. 人民黄河, 2017, 39(4)：48-52, 57.

［81］郝晓地, 戴吉, 陈新华. 实践中不断完善的美国水环境政策［J］. 中国给水排水, 2006, 22(22)：1-6.

［82］焦跃腾. 基于电絮凝水处理技术的微污染水体净化试验研究［D］. 杭州：浙江大学, 2017.

［83］罗从双. 祖厉河流域水-土盐化及苦咸水淡化研究［D］. 兰州：兰州大学, 2010.

［84］王刚. 新能源微咸水淡化研究——以甘肃省为例［J］. 中国工程科学, 2015, 17(3)：45-49.

［85］张学发, 杨昆, 马骏. 我国西北地区微咸水淡化利用现状分析和发展建议［C］//全国苦咸水淡化技术研讨会论文集. 2013：46-50.

［86］李文明, 吕建国. 微咸水淡化技术现状及展望［J］. 甘肃科技, 2012, 28(17).

［87］郑晓萍, 单为春. 我国中水的开发与利用［J］. 冶金动力, 2005(5)：47-49, 52.

［88］中华人民共和国水利部“城市污水处理回用”联合调研组, 钟玉秀, 李培蕾. 我国城市污水处理回用

调研报告[J].水利发展研究,2012,12(1):11-14.

[89] 钟玉秀,李培蕾,李伟.大力推进我国污水处理回用面临的障碍及破解对策[J].水利发展研究,2012,12(5):22-27.

[90] 中华人民共和国住房和城乡建设部.城镇污水再生利用技术指南(试行)[J].水务世界,2013(2):2-11.

[91] 张蕾.志丹县能化园区水资源开发与优化配置的研究[D].西安:西安建筑科技大学,2014.

[92] 吴凯,黄荣金.黄淮海平原水土资源利用的可持续性评价、开发潜力及对策[J].地理科学,2001(5):390-395.

[93] 宋印胜.鲁西平原微咸水资源的开发意义[J].自然资源学报,1992(3):267-272.

[94] Brewster M R,Buros O K. Non-conventional water resources[J]. Natural Resources Forum,2010(1).

[95] PUB. Our water,our future[DB/OL]. https://www.pub.gov.sg/Documents/PUB Our Water Our Future.pdf.

[96] UNESCO,UN-Water. United nations world water development report 2020:water and climate change[R]. Paris:UNESCO,2020.

[97] WEF. The global risks report 2019[R]. Geneva:World Economic Forum, 2019.

[98] Beithou N. Non-conventional water resources:review and developments[J]. International Journal of Research in Sciences,2015,3(1):1-8.

[99] Fielding K S,Dolnicar S,Schultz T. Public acceptance of recycled water[J]. International Journal of Water Resources Development,2019,35(4):551-586.

[100] Hussain M I,Muscolo A,Farooq M,et al. Sustainable use and management of non-conventional water resources for rehabilitation of marginal lands in arid and semiarid environments[J]. Agricultural Water Management, 2019,221:462-476.

[101] Qadir M,Sharma B R,Bruggeman A,et al. Non-conventional water resources and opportunities for water augmentation to achieve food security in water scarce countries[J]. Agricultural Water Management,2007,87(1):2-22.

[102] Salgot M,Tapias J C. Non-conventional water resources in coastal areas:a review on the use of reclaimed water[J]. Geologica Acta,2004,2(2):121-133.

[103] Lee H, Tan T P. Singapore's experience with reclaimed water:NEWater[J]. International Journal of Water Resources Development,2016, 32(4):611-621.

[104] Alcalde-sanz L,Gawlik B M. Minimum quality requirements for water reuse in agricultural irrigation and aquifer recharge-towards a legal instrument on water reuse at EU level[R]. Luxembourg:Publications Office of the European Union,2017.

[105] EPA. Guidelines for water reuse[R]. Washington:US Environmental Protection Agency,2012.

[106] EPA. National water reuse action plan:collaborative implementation (version 1)[R]. Washington:US Environmental Protection Agency,2020.

[107] Kramer D. Israel:a water innovator[J]. Physics Today,2016,69(6):24-26.

[108] Nriagu J,Darroudi F,Shomar B. Health effects of desalinated water:role of electrolyte disturbance in cancer development[J]. Environmental Research,2016,150:191-204.

[109] He W,Wang J H. Feasibility study of energy storage by concentrating/desalinating water:concentrated water energy storage[J]. Applied Energy,2017,185:872-884.

[110] Darre N C,Toor G S. Desalination of water:a review[J]. Current Pollution Reports,2018,4(2):104-111.

[111] United Nations. The use of non-conventional water resources in developing countries[M]. New York: United Nations Publication,1985.

[112] Food and Agriculture Organization of the United Nations. Review of world water resources by country [R]. Rome:FAO,2003.

[113] Qadir M. Uncover resources:alleviating global water scarcity through unconventional water resources and technologies[R]. Hamilton: UNU-INWEH, 2017.

[114] Antonakopoulou M,Toli K,Kassela N. Technical guide on technologies for non-conventional water resources management[M]. Athens: GWP-Med,2017.

[115] Global Water Partnership-Mediterranean. Non-conventional water resources programme in the mediterranean-10 years of impact[M]. Athens:GWP-Med, 2018.

[116] EU Water Directors. Guidelines on integrating water reuse into water planning and management in the context of the WFD[R]. Amsterdam:EU, 2016.

[117] Alcalde-sanz L,Gawlik B M. Minimum quality requirements for water reuse in agricultural irrigation and aquifer recharge-towards a legal instrument on water reuse at EU level[R]. Luxembourg:Publications Office of the European Union,2017.

[118] British Standards Institution. Water reuse-vocabulary:ISO 20670—2018[S]. Geneva:BSI Standards Limited,2018.

[119] EPA. National water reuse action plan-draft [R]. Washington: US Environmental Protection Agency, 2019.

[120] WMO, UNESCO. International glossary of hydrology [M]. Geneva: World Meteorological Organization, 2012.

[121] Wade Miller G. Integrated concepts in water reuse:managing global water needs[J]. Desalination, 2006,187:65-75.